石油高等院校特色规划教材

大学生野外实习

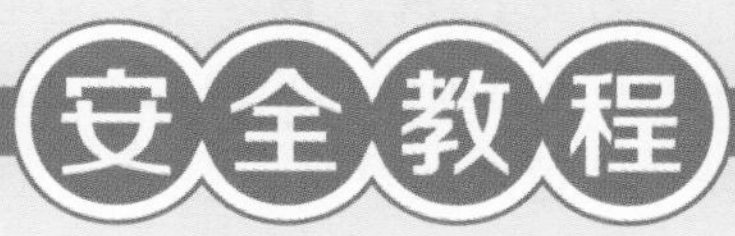

杨西燕　范翔宇　范存辉　编

石油工業出版社

内容提要

本书系统阐述了大学生如何安全进行野外实习，涉及实习前、实习期间和实习结束后的安全组织管理，实习过程中的生存技能，介绍了常见自然灾害的特征与避险方法，野外求救、常见野外疾病的医疗救护和流行性疾病的防控，最后还介绍了野外实习安全事故的应急响应方案。

本书既可作为资源勘查工程、勘查技术与工程、地理信息科学、地质学、地质工程、石油工程、地下空间工程等与地学有关的理工科学生的野外实习安全指导书，也可以用作有关企事业单位、科研院所地质野外考察时的安全参考资料。

图书在版编目（CIP）数据

大学生野外实习安全教程 / 杨西燕，范翔宇，范存辉编 .—北京：石油工业出版社，2020.12（2021.7 重印）

石油高等院校特色规划教材

ISBN 978-7-5183-4318-8

Ⅰ . ①大… Ⅱ . ①杨… ②范… ③范… Ⅲ . ①地质学 – 野外作业 – 教育实习 – 安全教育 – 高等学校 – 教材 Ⅳ . ① P5-45

中国版本图书馆 CIP 数据核字（2020）第 221034 号

出版发行：石油工业出版社

（北京市朝阳区安定门外安华里 2 区 1 号　100011）

网　址：www.petropub.com

编辑部：（010）64251362

图书营销中心：（010）64523633

经　　销：全国新华书店

排　　版：北京乘设伟业科技有限公司

印　　刷：北京晨旭印刷厂

2020 年 12 月第 1 版　2021 年 7 月第 2 次印刷

880 毫米 ×1230 毫米　开本：1/32　印张：4.625

字数：81 千字

定价：19.80 元

（如出现印装质量问题，我社图书营销中心负责调换）

前言

PREFACE

随着科技的进步和时代的发展，社会对地质学领域的人才要求越来越高，尤其是对实践动手能力的要求更加突出。野外地质实习是在地质学相关专业学生完成地质相关课程后进行的，是地质教学中不可或缺的重要实践环节。其主要任务是通过对野外地质、地貌现象的观察、认识、描述和分析，获得最基本的整体规律认识，加深对课程理论知识的理解，掌握地质学野外工作的基本方法和基本技能，培养学生的实际动手能力和应用能力，为后续课程的学习奠定基础。野外实习在地质教学过程中的位置极其重要，是培养合格地质人才的关键之一，设置有地质学科的高等院校都无例外地开设了野外地质实践教学。

在野外地质实践教学过程中，不可避免地要考虑如何“安全、高效”地完成任务的问题。西南石油大学每年需要进行野外实习的学生涉及资源勘查工程、地质学、地理信息系统、勘查技术与工程等专业，人数上千人，在野外地质实践教学过程中始终向着“安全、高效”这一目标努力，取得了些许认识。

为了提高大学生野外实习的安全防范意识，提升野外实习安全教学管理水平，编者从野外实习安全教育的现状出发，列举了各种野外突发情况以及应对措施，结合西南石油大学的野外实习管理条例和规范章程，从常识、条例、法规等多方面，图文并茂、简明扼要地阐述了大学生实习中的安全知识，使学生在有限时间内由浅到深、循序渐进地了解并掌握野外安全自救知识，弥补安全教育的缺失。这些知识不仅在学生实习期间有着重要作用，而且对学生毕业后的从业安全也有着极大的帮助。

本书由杨西燕、范翔宇、范存辉共同编写完成，具体章节分工为：第一章由范翔宇编写，第四章由范存辉编写，第二、三、五章由杨西燕编写，杨西燕对全书进行了统稿。在编写过程中，范起东教授提出了很多中肯意见，提供了一些编写素材，使本书内容更加充实。书稿完成后，张哨楠、王兴志教授进行了仔细审阅，并提出了许多宝贵的修改意见。在此一并致谢。

由于编者水平有限，本书疏漏、不足之处在所难免，请广大读者不吝指教，以便再版时更加完善。

编　者

2020 年 9 月

目 录

CONTENTS

第一章

野外实习安全教育现状

第一节　野外实习安全教育的时代背景

实习，顾名思义，是在实践中学习。在经过一段时间的学习之后，或者说当学习告一段落的时候，我们需要了解如何将自己的所学应用到实践中。因为知识源于实践，归于实践，所以要付诸实践来检验所学。

关于实习，有许多种定义，例如：实习是教师组织学生在工厂、企业、公司、学生实习园地以及其他现场从事一定的实际工作，以获得有关的实际知识和技能，巩固学生已经学过的书本知识，学会运用知识解决实际问题并独立完成规定的作业；实习是高等院校按照专业培养目标和教学计划，组织学生到国家机关、企事业单位、社会团体及其他社会组织进行与专业相关的实践性教学活动；实习是在校生在遵循教学计划和符合学校专业培养目标的前提下，通过学校或自己联系的方式，到实习单位参加实际工作，将在学校学到的理论知识加以运用和检验，以提高自身素质、增强就业能力的学习过程。

我国经济模式和社会结构正处于高速变化阶段，而教育却基本是统一、集中的运行模式。因此我国积极开展教学改革，旨在改变原有的单纯接受式学习方式，建立形成旨在充分调动发挥学生主体性的学习方式，其重点方向之一是加强实践教学建设、创新实践教学方法和提高实践教学质量。实习是能源类高校学生实践教学的重要环节，使大学生能更早掌握实际工作的技能。有关调查显示，有专业相关实习的大学生就业满意度为61%，没有专业相关实习的大学生就业满意度为52%。

在能源类专业的学习中加入野外实习、实践环节，能够有效地增进学生对所学理论、方法的理解，提高他们观察、分析各类地质现象及解决相关问题的能力，帮助学生全面训练各项专业技能，是培养学生创新精神及实践能力的重要途径。然而，能源类高校野外实习与大学生户外活动是有本质的区别的，户外活动一般在景区或者是一些开发比较成熟的路线开展，沿途的保障措施比较成熟，而野外实习可能需要在未开发的地方进行作业，所以具有一定的风险不可控性（图1–1）。近些年实习安全事故也发生多起，例如，2018年青岛某能源类高校老师野外实习时掉入雪山裂缝。野外实习、实践教学中各类安全隐患的存在以及残酷的事故后果，为开设能源类专业相关高校的安全防范工作敲响了警钟，对大学生实习安全方面的教育刻不容缓，各大高校应加强广大师生对实习的安全教育，让师生们掌握野外基本的灾害常识与野外自救方法，学校也应积极关注相关风险因素的评估与救助工作。

图 1–1　野外实习

第二节　大学生野外实习安全教育面临的问题

全国性的高等教育实习安全调查资料和数据，目前还没有系统的官方统计。对于职业院校实习安全的调查结果，可以参考全国职业院校学生实习责任保险统保示范项目联合工作小组发布的《全国职业院校学生实习责任保险工作2013 年度报告》。根据报告显示，我国职业院校每年参与实习的学生人数约有 1000 万，在实习中每天都有安全事故发生。报告指出，我国职业院校学生实习安全形势不容乐观。据抽样调查结果显示，2013 年每 10 万名实习学生中发生一般性伤害的约 78.65 人，其中导致死亡的约 4.69 人。学生实习事故伤害率和死亡率居高不下，反映出我国职业教育学生实习高风险的现状，同时凸显出学生实习风险管控力度仍然不足，安全工作效果欠佳等问题。

报告指出，2013 年职业院校学生实习风险主要呈现出以下特点：一是以主观因素为主。如实习组织管理、学生自身风险意识及防范能力不足等，也有各种客观因素，如生产环境及交通、住宿、餐饮等外部环境不安全等，其中主观因素是造成学生实习事故发生的主要原因。二是覆盖范围广。学生实习风险不仅存在于实习岗位中，还贯穿于包括交通、住宿、餐饮、娱乐等在内的整个实习过程。三是个体伤亡居多，群发性事件较少。四是实习岗位风险呈上升趋势。2013 年学生实习岗位事故数量占实习期间总事故数量比例，以及岗位事故死亡人数占总死亡人数比例较 2012 年均有所增加，前者由 2012 年的 59% 增长到 67%，后者由 2012 年的 20% 增长到 32%。

据统计，机械伤害、跌倒摔伤、交通事故是学生实习伤害事故的三大主要类型。其中 2013 年机械伤害事故数量占比较 2012 年有所下降，由 27% 降为 22%；交通事故占比下降幅度较大，由 21% 降为 13%；跌倒摔伤事故占比增加，由 16% 上升为 21%，成为继机械伤害后第二大事故伤害类型。从事故原因分析，学生安全意识不足、疏忽大意是学生跌倒摔伤事故频发的主要原因。此外，实习现场、宿舍等场所地面环境不佳也是导致此类事故发生的重要因素。

实习中发生了安全事故，不管如何处理和结果怎样，学生本人和家长、实习单位和学校都是不愿意看到的。但有一点可以肯定，发生实习安全事故的实习单位以后对是否接受学生实习必将持非常谨慎的态度。

导致学生实习人身伤害事故频发的原因有很多，对于能源类大学的学生来说，野外实习安全事故的发生原因主要来自学生个人方面、学校方面、环境方面和社会方面（图 1–2）。

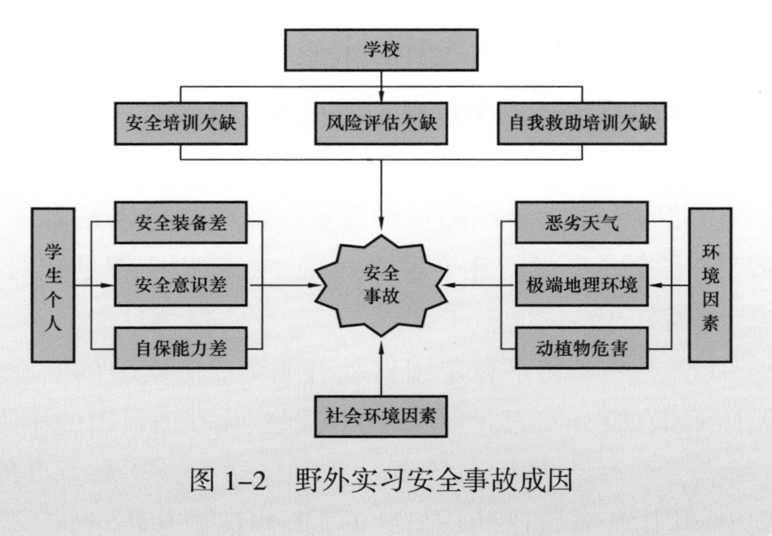

图 1–2　野外实习安全事故成因

首先，学校对学生的实习安全教育还不够完善，即使开设有一些安全教育课，但仍然停留在简单的生活安全知识教育，如防火、防盗、交通安全方面等，缺乏对于地质灾害的讲解与应对措施。其次，学校对于野外实习的风险评估还存在一定的问题。学校对于学生发生安全意外时的救助培训十分缺乏，这些都是野外安全问题的隐患。

学生本人的安全意识淡薄、安全知识欠缺、自我保护能力差是事故发生的重要原因。例如，绝大部分学生穿休闲运动鞋登山，其防滑性能以及防穿透性能与专业登山鞋有很大差距，也无法对脚踝形成有效的保护，故野外经常有学生滑倒、扭伤、被尖锐物扎伤。野外装备正确配置应是防滑户外登山靴、防水防风衣裤、反光背心，这样能够在最大程度上避免由于装备上的不足导致意外受伤。其次，学生本人对于安全问题的不重视也是事故频发的缘由之一，学生普遍对学校的安全教育不够重视，导致野外真正发生安全问题时手足无措。

恶劣的天气、极端的地理环境、动植物危害是野外实习环境安全隐患中的几个重要方面，对此也应有足够的重视，并做好相应的防范工作。

社会上的一切不稳定因素也可能会成为实习的安全隐患，例如在野外实习时，经常会接触到住在山村里的居民，有时会发生学生与村民的纠纷，很容易上升到暴力事件，所以学生应注意自己的行为举止，与村民们和睦相处。

人的生命都是至高无上的，对于学校来说，其教育的对象是祖国的栋梁，每个学生的安全健康都是至关重要的，因为这不仅关系到每个学生及其家庭的幸福与未来，同样关系到整个社会的和谐发展。尽管实习的安全工作涉及面较广并且纷繁复杂，但学校有责任也有义务协助做好这项任务，要将工作的重中之重放在学生人身伤害事故的预防和控制上，防患于未然。学生也要积极配合学校，增加个人的安全知识，遵守学校的规章制度，保障自己的人身安全。只有这样，老师才能够更好地传授知识，学生们也能够巩固知识、活学活用，为今后的学术、工作打下扎实、牢靠的基础。

第三节　野外实习安全现状分析与措施建议

一、野外实习安全现状分析

目前，我国能源类高校，如中国石油大学（北京）、中国石油大学（华东）、中国地质大学（北京）、中国地质大学（武汉）、西南石油大学、成都理工大学等，均为在校的地学类专业学生开设为期数周的野外实习。如西南石油大学地质类相关专业安排在峨眉、北碚、旺苍等地进行野外实习，外国语学院的石油科技英语方向、土木工程与测绘学院的土木工程等专业也都在峨眉等地进行野外实习。成都理工大学每年到峨眉实习的专业达20多个，包括地质学、地质工程、资源勘查工程、能源工程、土木工程、地下水科学与工程、测绘工程、旅游管理、园林等。

实习期间学生住在实习基地内，每天早晨从基地出发乘车前往实习地点，在教师的指导下进行观察和记录，下午定点返回学校，全部实习结束后提交一份实习报告。这种模式存在一些安全问题和可能突发的安全隐患，包括自然因素和人为因素两个方面。

1. 自然环境造成的安全隐患

地质实习的地点往往都是自然环境相对比较复杂的野外，如盘山公路、水库、山林等，丰富的地质现象背后往往隐藏着巨大的安全隐患。

1）车辆安全隐患

盘山公路是地质实习最常见的地点，危险系数也最大。据赵广金对华北某地质勘探系统1978年至2005年的45起事故资料统计，其中的车辆伤害造成的人员伤亡是最严重的（图1–3）。山路普遍弯度较大且道路较窄，而有些实习观察点又位于拐弯处，万一出现过往车辆车速较快（或故障）、大货车侧翻等情况则后果不堪设想，通常指导教师会组织学生避让；山路的特殊性也给实习车辆的司机提出了更高的技术要求，如果司机经验及技术不足则容易发生事故。

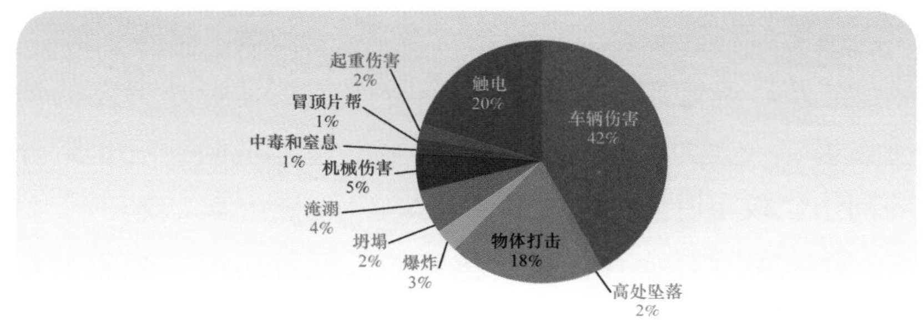

图 1–3　1978 年至 2005 年各类事故死亡人数占比
（据赵广金，2011）

例如，2018 年 9 月 23 日张家口市崇礼区附近的盘山公路发生了严重车祸，导致多人受伤，在盘山公路，一旦发生车祸是十分严重的，要时刻保持警惕（图 1–4）。

图 1–4　盘山公路车祸现场

2. 野外环境隐患

野外环境隐患往往包括 3 个方面：一是野外突发的地质灾害；二是野外公路的悬崖等地的坠落危险；三是野外的刮伤、蚊虫叮咬等问题。

野外实习总会有各种不稳定的天气等情况，高校野外实习多安排在夏季进行，突发性降雨是山区常见的天气现象，雨后路滑，甚至可能引发地质灾害，如滑坡、崩塌等。虽然滑坡等地质灾害出现的可能性较小，但一旦发生，将造成严重的后果，如图 1–5、图 1–6、图 1–7 所示。

图 1–5　泥石流

图 1–6　崩塌

图 1–7　山体滑坡

另外，野外实习中，无论是公路还是铁路，路的一边是山，另一边往往会出现悬崖或是水库（图 1–8）。实习地点之一的峨眉山风景区存在护栏不结实以及部分路段悬崖边没有护栏的现象，如不注意，学生一旦坠落，后果不堪设想。这些安全问题虽然发生概率较低，但如果不给予足够的重视则会产生不可挽回的恶劣后果。

图 1–8　盘山公路一侧是悬崖

与前二者相比，在树林中穿行造成的刮伤、蚊虫叮咬，山路不平导致的扭伤等问题虽不至于产生严重的后果，却是实习中经常发生的问题，可以说是不可避免的，所以必须做好防范措施。

2. 人为原因造成的安全隐患

学生安全意识的缺失是造成安全隐患的最为主要的原因。学生本就处于青春活泼的年纪，一旦从相对拘束的校园环境中走出来就会变得自由好动，加之这种以班级为整体的行动隐约含有出游色彩，使得学生很容易忘乎所以，造成严重的安全隐患。比如，在盘山公路上打闹；在公路上听讲时不注意靠边站立，往往占据了路面的一半以上；通过隧道时不注意靠边，而是大摇大摆通过；倚靠不结实的栏杆；在悬崖边眺望……这些都会导致安全事故的发生。在积极参与野外实习的过程中，还是要进行相应的室外教育的规范与约束，来避免相关事故的发生。

二、野外实习安全措施

要保证野外实习的安全，需要在前期建立安全预防体系、监督管理体系和事故处理体系（图 1–9）。

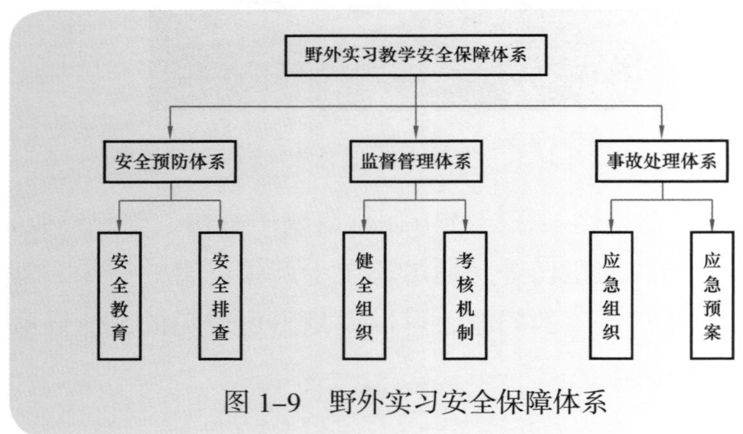

图 1–9　野外实习安全保障体系

1. 加强野外实习安全教育，强化学生安全意识

为了最大限度地保障安全教育的有效性，相关工作应安排在实习教学开始前一周内，从而有效地发挥相关提示

和警示作用。在安全教育中，应避免过多空洞的制度宣讲，尽量将以往的安全实例与实习纪律、注意事项相结合。

2. 规范实习教学师资队伍，做好教师培训

带队教师在地质实习中发挥着重要的作用，如果带队教师自身的安全意识都比较淡薄且没有急救等方面的基本常识，就无法胜任这一工作。提高带队教师的安全防护水平首先要做好培训工作。可以请院领导、实习经验丰富的教师、校医院医师等人员担任培训讲师，一方面通过培训使带队教师明确工作的重要性及严肃性，另一方面利用培训使其具备基本的急救知识及应变能力。

3. 完善救助设备，创造良好实习条件

应注重地质类专业学生自救、互救能力的培养，加强急救培训师资队伍的建设，并给予资金、人员、场地等的支持。实习前与车队进行充分沟通，要求车队保证用车的安全。实习前应掌握每条线路周边医院、消防等部门的位置及联系方式。如果有意外发生可以马上联系相关部门进行处理，将危害降到最低。地质实习的地点存在交通及落石等安全隐患，头盔可以避免落石的危险，安全马甲则能够增加交通的安全系数。

第二章

野外实习的安全管理

实践性是地质类课程的一个突出特点，野外实习是学生综合能力培养的关键环节，对于激发学生兴趣、巩固理论知识、提高实践能力等有着不可替代的作用。与课堂学习不同，在野外实习的教学过程中必须考虑安全的问题，其重要性甚至超过了教学本身。“没有规矩不成方圆”，建立、健全安全实习规章制度是搞好野外实习工作的重要保证。各学科专业都应制定适合本学科本专业的野外实习规章制度和管理制度。还应建立安全监督机制，及时发现、排除安全隐患，对于违反实习安全的人员，应严厉惩罚，把安全措施落到实处。

第一节　野外实习的组织与管理机构

任何进行野外实习的学院都应成立野外实习工作常设领导小组，负责对全院的野外实习教学工作的组织、协调、指导和实习计划的审定。

野外实习工作领导小组组长由分管教学副院长担任，成员包括：分管学生工作的党委副书记、教学办公室主任、专业建设负责人、各专业教研室（或所）主任（或所长）、实习队负责人及政治辅导员。

野外实习队由实习任务牵头教研室按要求组织成立，并报学院分管教学副院长审批。野外实习队应根据专业实习教学大纲的要求及实习实际情况成立，实习指导教师专业方向需涵盖实习内容要求。

每项具体野外实习任务及实习队一旦确定，野外实习队队长及所在专业年级的辅导员成为领导小组的自然成员，直到实习任务全部正常结束。

第二节　野外实习前的组织与管理

一、制定实习计划

实习计划的制定是保证实习安全的重要环节。因此野外实习任务实施前，至少提前 30 个工作日，制定实习安排表（表 2–1）。根据培养方案或教学计划制定实习计划，计划表应写明实习的预计时间段，实习学生的专业班级、人数，实习项目名称、地点，指导教师和带队教师，实践教学内容及经费等；经教研室主任和分管教学副院长审批后按实习计划执行。实习计划表的制定，可以使学校各个层面（包括教师、学生等各单位人员）以充分的时间做好准备。

表 2-1　× × 大学学生实习安排计划

<table>
<tr><td>学院</td><td></td><td colspan="2">专业年级</td><td colspan="2"></td></tr>
<tr><td>起止时间</td><td colspan="3">年　月　日至　　年　月　日</td><td>实习周数</td><td></td></tr>
<tr><td>课程名称</td><td colspan="3"></td><td>实习方式</td><td></td></tr>
<tr><td>学生人数</td><td colspan="5">共　　人（其中集中实习　　人，分散实习　　人）</td></tr>
<tr><td>实习地点</td><td colspan="5"></td></tr>
<tr><td>实习主要内容</td><td colspan="5"></td></tr>
<tr><td>实习要求</td><td colspan="5"></td></tr>
<tr><td>实习组织领导</td><td colspan="5">实习队长：　　　　联系电话：
指导教师：
政治辅导员：
校医：</td></tr>
<tr><td>经费预算</td><td colspan="5"></td></tr>
<tr><td colspan="3">教研室主任签名：
年　月　日</td><td colspan="3">学院主管领导签名：
年　月　日</td></tr>
</table>

说明：1.实习方式分为集中实习和分散实习两种。

2.为方便实习检查，实习地点必须落实到具体单位，只有集中实习方式填写实习地点及联系电话。

3.此表一式二份，一份交教务处实践教学科，一份留专业教研室。

二、实习前安排及组织

1. 安排实习队教师成员

根据实习要求及实习计划，野外实习队人员组成包括实习队负责人、实习指导教师、辅导员、随队校医。实习指导教师人数按学生人数以 1∶15～1∶20 的比例配备。实习队负责人原则上由中级及以上职称、具有三年以上野外实习指导经历、具有一定组织和管理经验的成熟教师担任。应选择野外实习指导经验丰富、认真负责、有高度责任心的专业教师担任实习指导教师。指导教师一经确定，不得随意更换；因特殊原因必须更换的，应由实习队负责人说明理由，由学院分管教学副院长根据实际情况予以审批并报教务处备案。

教研室和实习队负责人还应充分了解和掌握所有参与野外实习的教师及医生的身体情况，确保所有参与实习的教师及医生的身体状况能够达到整个野外实习教学环节的要求；所有参与野外实习的教师及医生不得带病坚持工作，因身体情况不宜参加野外实习的教师及医生，必须提前向教研室及实习队负责人提出，实习队负责人要及时予以更换和调整。

2. 申请及准备实习备课

野外实习正式开始前，实习队须提前向学院申请野外集体备课；实习时间较长或者专业核心课程对应的野外实习原则上要求集合备课，实习时间较短或者非核心课程的一般性野外实习可根据大纲及实际情况由实习队确定是否需要野外备课；经学院分管教学副院长审批后，实习队负责人应及时组织实习队全体指导教师赴野外实习基地现场，对实习路线、实习内容、交通、气候及环境、食宿等生活条件进行实地考察；实习队必须按照实习教学大纲要求，结合实习路线剖面实际情况研讨并进一步完善野外实习教学内容和评估安全隐患，形成最终详细野外实习方案，确保野外实习教学过程严格按照教学大纲要求执行，确保各项野外实习内容圆满、高效完成，确保预期目标达成。

3. 签订安全协议并购买保险

在学生实习前，应与接受实习的单位签订实习协议。实习协议所保障的是学生在实习期间的各项权利，其中最重要的就是安全问题。安全协议包括基本信息、注意事项和实习单位及时间安排，其中基本信息包括协议双方的必要资料，如实习生姓名、证件号码等，为了避免发生争议时无法联系到当事人。实习协议上最好还要有实习生本人的联系地址。实习安全协议书模板如下：

学生外出实习安全责任书

为确保外出实习学生的生命和财产安全，确保顺利、圆满、安全地完成实习任务，增强学生的责任意识和安全意识，结合外出实习人员和社会纷繁复杂等实际情况，对外出参加实习的学生提出如下要求，请遵照以下要求，共同督促学生照此执行。

（1）本人自愿提出申请，参加××年××月××日—××月××日（暂定时间）在××实习基地进行的“野外认识实习”，自愿与学院签订“学生外出安全责任书”，树立牢固的安全责任意识。

（2）外出实习途中，必须严格遵守国家的交通安全法规，遵纪守法。

（3）在实习单位或驻地，必须注意防火防盗，爱护公物，节约用电、用水。

（4）严格遵守所在实习单位的作息时间，遇有情况须及时报知实习队及辅导员、学院党委。

（5）在外出实习期间，学生必须严格遵守现场的考勤制度、安全纪律管理制度，一切行动听指挥。

（6）在外出实习现场，学生应做到尊重现场的指导教师和单位员工，讲文明讲礼貌；务必严格遵守单位对参加实习人员提出的安全、纪律和保密制度的有关规定，执行安全规程，确保人身和财产安全。

（7）外出实习期间，学生在外餐饮应注意饮食卫生。

（8）外出实习期间，学生严禁到自然水域游泳或嬉戏；严禁在外面餐馆酗酒、肇事，严禁做出横穿公路等违反交通规则的行为。

（9）外出实习期间，学生未经批准不得私自参加社会上的各种活动；不准私自进入各种社会娱乐场所；严禁赌博、打架、斗殴等违法违纪行为。

（10）外出实习期间，不得擅自离开实习驻地，严禁在外就宿；如有特殊情况，必须事先书面申请并告知家长，征得家长及实习队、辅导员同意，并严格履行请销假手续；任何私自离队发生的事故责任自负。

（11）野外实习结束后，所有学生统一返校，然后统一放假，确有正当理由（如直接从实习基地返家），需家长书面同意，辅导员认可后方可不随队返回学校；任何私自离队发生的事故责任自负；假期安全责任自负。

（12）未尽事宜，按照学校相关规定执行。

实习地点：　　　　　　　　专业年级：
乙方：（学生签字）　　　　联系电话：
家长联系电话：　　　　　　时间：　　年　　月　　日
甲方：　　　　　　　　　　时间：　　年　　月　　日

同时，应为所有参与实习的师生购买意外伤害保险（原则上投保金额不少于30元/人），保险期限应涵盖整个实习期间。并且在实习过程中实习队负责人要充分掌握和核实实习学生的身体状况，对于身体情况不宜参加实习的学生（心脏病、低血糖、高血压、恐高症、易发生突然晕厥或者其他不宜参加实习的疾病），根据正规医疗机构出具有关诊断证明及意见，结合野外实习实际情况，予以暂缓或者停止实习；待身体情况好转后，凭医生诊断意见择期补修野外实习课程。

4. 实习小组划分

实习队负责人需根据实习学生男女比例、学习成绩分布等因素全面考虑，将实习学生平均分成若干个小组。每个小组指定一名实习指导教师，每个小组指定相应的学生党员或学生干部担任组长和副组长。实习指导教师在实习队的统一领导下负责本组学生的野外实习教学工作，组长、副组长协助指导教师组织好所有野外实习活动，及时传达教师布置的任务和反馈学生情况。

5. 组织学生准备好实习用具

实习队负责人要提前组织和督促学生在教材科领取全套的实习指导材料、野外记录本、实习报告册、实习区地形地质图等，在实验室（供应科或工程训练中心）领取或租用地质罗盘、地质锤、放大镜、稀盐酸、安全帽等必备的实习用品（用具），并填写相关的野外实习工具 / 服装借用申请表（表 2–2）。

表 2–2　野外实习工具 / 服装借用申请表

<table>
<tr><td>实习名称</td><td></td><td>专业年级</td><td></td></tr>
<tr><td>起止时间</td><td></td><td>实习地点</td><td></td></tr>
<tr><td>实习小组
学生人数</td><td></td><td>带队教师</td><td></td></tr>
<tr><td>拟借工具
明细</td><td>□地质锤　　个
□地质罗盘仪　　个
□放大镜　　个
□安全帽　　顶
□信号服　　套
□口哨　　支
□其他：</td><td>押金</td><td>元</td></tr>
<tr><td>领用日期</td><td>年　　月　　日</td><td>拟归还日期</td><td>年　　月　　日</td></tr>
<tr><td>实习小
组长</td><td></td><td>经办人（签名）</td><td></td></tr>
<tr><td>带队教师
意见</td><td colspan="3">带队教师（签名）：

年　　月　　日</td></tr>
</table>

说明：1. 借还工具必须以实习队或实习小组为单位进行。

2. 每套实习工具交押金 ×× 元，交回工具时如工具完好，退换押金；若丢失或损坏，照原价赔偿。

6. 联系实习住宿

教师应在实习计划确定后及时联系实习基地，确定实习入住时间、人数等，以便实习基地提前进行准备，保证实习的顺利进行。

7. 联系实习期间用车

实习期间的用车包括两个方面，一是实习基地与学校之间的往返用车，二是实习点与实习基地之间的往返用车。针对野外实习，大部分实习点都是在山区，因此野外实习用车安全是实习过程中安全保证的重中之重。因此在联系野外用车时，必须联系正规的租车公司签订租车合同，保证实习用车的安全。

8. 联系实习地区的相关单位

由于野外实习是大批学生到某一实习点后，在该地进行 1～5 周不等的野外实习考查。因此，在实习计划制定并获批后，应与实习点的公安机关等相关部门报备。如西南石油大学在峨眉的实习，由于部分实习点是在峨眉景区内进行，因此应与峨眉景区进行联系，并在当地派出所进行登记报备。

三、召开实习培训会

实习队在实习前召开的实习培训会包括两方面：

一是实习工作协调、培训会，参加人员包括分管教学副院长、实习队指导教师、随队医生、党员及学生干部等。

分管教学副院长做思想动员、纪律要求；野外实习队负责人组织研讨实习的主要安排、计划和内容要点，统一实习内容和实习标准；向全体指导教师开展野外实习安全培训和预案说明，详细介绍实习过程中的风险要点（滑坡、崩塌、泥石流、洪水、塌陷、雷电、暴雨、雪灾、蛇、蜂、交通风险等）和防范措施，增强实习队所有教师、学生党员及学生干部应对、处理各种突发事件的应变能力。

二是实习动员培训会（图 2-1），参加人员包括全体学生、分管教学副院长、实习队负责人、实习队指导教师、政治辅导员及随队医生。学院分管教学副院长做思想动员、纪律要求，实习队负责人向全体学生宣讲实习目的、实习计划和主要内容，对学生提出具体注意事项及要求（包括野外着装、作息、请假、安全纪律，奖惩、请销假、考核办法等），并向全体学生开展野外实习安全教育培训，详细介绍实习过程中的风险要点（滑坡、崩塌、泥石流、洪水、塌陷、雷电、暴雨、雪灾、蛇、蜂、交通风险等）及紧急避险常识；

图 2-1　野外实习动员培训会

随队医生向学生宣讲野外应急医疗救护及处理原则等内容要点，增强全体学生应对、处理各种突发事件的应变能力。

第三节　实习期间的组织与管理

野外地质实习一般时间以 1～5 周不等，在野外实习时间较长，不确定因素较多，为保证实习期间的安全，对实习队教师、学生和后勤都应有严格的要求和管理。

一、实习期间教师的职责

（1）实习队带队指导教师是实习小组直接责任人，指导教师要根据实习队的具体要求，提前了解和熟悉实习路线的情况，严格按实习计划，遵循实习大纲要求完成野外实习教学内容，保证每天的实习时间和实习质量要求。

（2）实习队要严格遵守安全和质量要求，合理安排实习路线及每天的实习任务；要时刻关注实习区天气、环境、交通、野外地质条件等情况；如遇突发事件而导致不能按原计划实施野外实习教学，应根据实习实际情况，在不违反教学大纲要求的情况下，适当调整实习安排，保证实习的顺利、安全进行。

（3）实习期间按照实习队负责人—指导教师（及医生）—组长（副组长）—学生四级组织机构开展实习组织与管理工作，做到信息畅通、组织有序。如遇突发情况，按照野外实习安全应急预案迅速处理并上报学院及主管部门。

（4）实习指导教师必须以身作则，给学生以示范作用，如每天携带地质工具、佩戴安全帽、穿着适宜野外工作的服装等。野外教学指导过程中须携带扩音器和小黑板等辅助工具，选择安全、有利位置授课，让本组所有实习学生能听到、能看到授课内容，保证野外实习效果。

（5）由于野外实习具有各种安全隐患，因此教师在野外带队实习过程中应注意行为规范，保证野外实习的安全进行（表 2–3）。

表 2–3　带队教师行为规范

序号	类型	安全隐患	带队规范
1	铁路	① 火车经过； ② 悬崖坠落； ③ 扭伤、蚊虫叮咬及中暑	① 提醒学生不要靠近悬崖； ② 注意观察火车，安全后通过； ③ 着信号服
2	公路	① 汽车经过； ② 悬崖坠落； ③ 滑坡、崩塌等	① 提醒学生注意车辆； ② 带队老师一前一后观察； ③ 不靠近悬崖，不在马路逗留； ④ 着信号服
3	景区	① 悬崖坠落； ② 扭伤、中暑及蚊虫叮咬	① 提醒学生注意脚下安全； ② 不靠近悬崖； ③ 不随意敲打岩石
4	山路	① 扭伤及蚊虫叮咬； ② 滑坡、崩塌等； ③ 弯道车辆； ④ 悬崖坠落	① 注意脚下安全，避免扭伤； ② 不靠近悬崖，不在马路逗留； ③ 在山路拐弯处观察车辆，安全时快速通过； ④ 带队老师一前一后观察； ⑤ 着信号服

（6）实习指导教师要严格野外教学管理，做好学生出勤记录，每天出发前和返回前，必须清点本组学生，确保所有学生按时出发和安全返回。分小组外出自主实习期间，由小组长定时汇报学生野外出勤情况，指导教师不定时巡回抽查，随时掌握学生实习工作情况，确保学生外出实习安全。

（7）实习队负责人每天要组织到学生宿舍查寝，确保学生按时就寝，保持充足的睡眠和精神状态；要强调和要求学生注意防火防盗，爱护公物，节约用电、用水。

二、实习期间学生的行为准则

学生野外实习应严格按照实习队的要求着装，着长袖长裤、佩戴安全帽、穿防滑鞋（图 2–2），并携带全套的实习工具和实习用具，包括地质锤、放大镜、罗盘、稀盐酸和野外记录本、教材等。

图 2–2　学生野外实习着装要求

野外实习期间，严格遵守实习基地的管理制度：不留宿外人；注意防火防盗；爱护公物；节约用电、用水；注意用电安全。

野外实习期间学生不得迟到早退、无故缺席。累积缺席三次取消实习成绩。原则上实习期间不能请假；确因有事不能参加野外实习者，学生必须以书面方式说明请假理由，并由实习队负责人及学生家长共同确认后，方可请假，返回后应及时销假；若因身体原因，暂时不能参加野外实习者，须以书面形式请假，并由随队医生签字确定后在实习基地休息或者根据随队医生建议进行治疗。

禁止私自游泳、爬山、探险等行为，禁止超越危险地段安全线，禁止在危险地段照相、打闹等；严禁不请假离队、夜不归宿、打架斗殴、聚众赌博、酗酒闹事、毁坏公物、破坏环境等违纪违法行为。实习过程中凡是因严重违纪违法而影响实习进行的学生，实习队有权终止该生的实习活动并遣返回学校。因为学生不遵守法律法规而导致的一切后果将由学生本人承担。

野外实习期间，实习学生不得单独行动，因野外实习计划安排确需自主出行开展专项考察和研究活动者，必须征得实习指导老师同意，出行时必须结伴同行且不得少于3人，必须在规定时间内归队，违者予以严肃批评，直至取消实习资格和成绩。

实习过程中应充分发挥党员、学生干部的引领作用。

实习时间较长的、党员人数较多的专业应在实习前向上一级党组织申请成立野外实习临时党支部，负责野外实习期间的党建和思想政治教育学习活动；团员以专业团支部为单位开展野外实习期间的政治学习和团组织生活。

三、实习基地的安全管理

实习基地应有严格的安全管理制度，包括以下两个方面的管理：

1. 实习基地的日常管理

学生统一住宿，因此要求学生实习期间的住宿要求应和学校的住宿要求一致：

（1）学生按照实习基地提前安排的寝室入住，不得随意调换宿舍或床位，不准留宿外来人员。

（2）若实习期间有校外来访人员（包括同学、亲友），必须告知实习指导教师，经同意后须先在基地管理人员处登记，经管理人员许可后方可进入学生宿舍；但所有来访人员不得留宿。

（3）实习基地大门按基地规定的作息时间开、关（早 6 时开门，晚 10 时关门），如遇特殊情况，须向实习指导教师、基地管理人员说明情况，凭证件登记后方可开门，严禁翻越门、墙。

（4）室内清洁卫生由学生负责，做到经常保持室内干净，卧具、用具摆放有序，美观大方。

（5）节约用水、用电，不允许私自拆换室内的公用电器设备，不准乱接乱搭电线、烧电炉和点大功率灯泡（指超过 40 瓦）等，做到人离宿舍，随手关灯。

（6）注意防盗，加强治安安全意识。室内不能存放大额现金，存折（单）应加密，个人物品妥善保管。白天出野外时，关好门、窗、水、电。钥匙不能借给外寝室人员，不准私自更换门锁。禁止踹门，门锁不牢应及时报修。谢绝小商小贩进入公寓区推销。发现可疑人员请及时通知管理人员进行盘查。

（7）宿舍内禁止点蜡烛、燃烧物品、燃烧烟花爆竹等；不得躺在床上吸烟和随意乱扔烟头、有违反者，视其情节予以警告或警告以上处分。造成火灾的，要承担相应的经济赔偿责任，接受相应的违纪处分，承担相关法律责任。

（8）一旦发生火灾，学生要及时进行扑救，并立即报告实习指导教师和基地管理人员；如火势较大，应及时报警或打“119”，不准隐瞒不报或谎报。火势扑灭后须保护好火灾现场，待消防部门勘察完现场后方可清理。不准损坏楼道内的灭火器和消防设施。

（9）学生在宿舍内必须遵守“十不准”的规定：不准私拉乱接电源；不准躺在床上吸烟或乱扔烟头；不准在寝室内点蜡烛看书；不准焚烧杂物；不准放置易燃易爆物品；不准使用煤气炉、煤油炉、液化气等可能引发火灾的器具；不准使用电炉、水煮器等大功率电热设备；不准台灯靠近枕头、蚊帐、被褥等可燃物；不准人离寝室不关灯；不准损坏灭火器和消防设施。

2. 实习基地的餐饮管理

根据《中华人民共和国教育部令第 14 号》关于学校食堂与学生集体用餐卫生管理规定，其中涉及学生餐饮安全的主要有：

（1）食堂应当保持内外环境整洁，采取有效措施，消除老鼠、蟑螂、苍蝇和其他有害昆虫及其孳生条件。

（2）食堂的设施设备布局应当合理，应有相对独立的食品原料存放间、食品加工操作间、食品出售场所及用餐场所。

（3）餐饮具使用前必须洗净、消毒，符合国家有关卫生标准。未经消毒的餐饮具不得使用。禁止重复使用一次性使用的餐饮具。

（4）消毒后的餐饮具必须贮存在餐饮具专用保洁柜内备用。已消毒和未消毒的餐饮具应分开存放，并在餐饮具贮存柜上有明显标记。餐饮具保洁柜应当定期清洗、保持洁净。

（5）餐饮具所使用的洗涤、消毒剂必须符合卫生标准或要求。洗涤、消毒剂必须有固定的存放场所（橱柜），并有明显的标记。

（6）食堂用餐场所应设置供用餐者洗手、洗餐具的自来水装置。

（7）严格把好食品的采购关。食堂采购员必须到持有卫生许可证的经营单位采购食品，并按照国家有关规定进行索证；应选择相对固定的食品采购场所，以保证其质量。

第四节　实习结束后的组织与管理

野外实习任务结束后，实习队要按照实习计划按时、安全、有序返校，原则上不允许就地解散或放假；返校前后要仔细清点人数，确保所有实习人员安全返回；确有正当理由不随队返校者，应提交书面材料说明请假理由，并由实习队负责人及学生家长共同确认后可不随队返回；个人行动期间安全责任由学生本人负责。

实习队要按照实习教学大纲的要求及时召开实习会议，详细讲解野外实习报告编写提纲及具体要求，保证每位学生明确野外实习报告的具体内容要求、图件数量及质量标准等。

实习队要组织开展实习报告编写辅导和答疑，原则上各组实习指导教师负责本组学生的实习报告辅导和答疑。对于学生需要解决的有关报告编写、图件绘制、资料整理等的疑问要认真细致的给予明确解答，确保学生高质量、高标准地完成实习报告及图件编绘等总结工作。

实习队要督促学生要按照实习的统一要求，认真开展资料整理、实习报告撰写、图件绘制等总结工作，并要求学生按时提交野外记录本、实习报告或（专题报告）及附图（表）等实习成果材料。指导教师在收到学生实习成果材料后，要根据学生野外考勤及表现情况、现场观察分析能力、野外记录的准确性和完备性、第一手资料的完成情况及最终成果图件和报告编写等情况，严格按照实习大纲要求的权重比例开展实习成绩综合考核评定和提交工作。

实习队负责人要及时组织实习指导教师对实习管理、实习过程及成果召开总结会议，找出存在的问题，并探索质量改进措施，对实习过程中的突发情况进行汇报，反思总结安全教育行为，防止野外不安全事件再次发生。

第五节　野外实习重点地区介绍

地质学是实践性很强的自然科学。大自然是研究地球的天然博物馆，是地质学研究及知识应用的首要且必要场所，更是学习和掌握地质学知识的最好的课堂。所以不论是要学习地质学还是要深入研究地质学，都离不开野外地质观察，只有深入接触大自然，才能更好地掌握、研究地质学。

野外地质观察，其观察的客体主要是地质体及其相关现象。认识地质体及其相关现象不仅是地质学研究和应用的前提，而且也是学习和掌握地质学知识的基本要求。只有通过野外实地的地质观察，才能真正认识不同性质和不同类型的地质体及其相关现象，加深对地质学概念的理解，巩固和拓展地质学知识。因此，野外地质观察对切实掌握地质学知识是十分重要的。

能源类高校大学生的野外实习多要进行岩石、各种地质现象的观察和研究，因此实习多在山区，如西南石油大学、成都理工大学的地质类、地学类专业的野外实习在乐山峨眉、广元旺苍、江油马角坝、重庆北碚等地进行。下面以乐山峨眉、广元旺苍、重庆北碚为例，介绍地质实习的基本情况及特点。

一、峨眉地区地质认识实习

1. 峨眉地区地质认识实习的目的

峨眉地区地质认识实习是部分高校地质类各专业学生完成“普通地质学”、“地球科学概论”、“地质学基础”这类地质基础课程之后进行的第一次野外实践教学，具有专业启蒙以及激发专业兴趣的性质。峨眉地区具有丰富的地质现象，沉积岩、岩浆岩、变质岩均有出露，外动力地质作用的现象常见，各种地质构造现象（断层、节理、褶皱）均发育，滑坡、崩塌亦可见到；此外该区还有四川省地质保护剖面—龙门硐剖面（图 2–3）；因此该区是进行地质实习的有利地区，西南石油大学、成都理工大学、西南交通大学等高校均在该处进行地质认识实习（图 2–4）。

图 2–3　龙门硐地质剖面保护点

(a)

(b)

图 2–4　部分高校峨眉实习基地照片

地质认识实习的目的是通过对地质、地貌等现象的实际观察以及描述、测量、绘图等基础技能的训练，获得感性认识，激发学生的学习兴趣；通过兴趣的提高转化为学习、求知的动力，变被动学习为主动学习，在主动学习中巩固、消化室内教学的理论知识，培养认识、描述和分析地质现象的能力；通过实习对地质工作基本内容的初步了解，逐步培养地质思维能力，拓展知识理解的深度和广度，为后续课程的学习奠定良好的基础；通过与大自然的亲密接触和切身感受，树立地学专业思想，体会到通过努力学习，不断提高自身认识能力、创新能力的价值。

2. 峨眉地区自然环境与人文景观

峨眉山位于中国四川省乐山市峨眉山市境内，是中国“四大佛教名山”之一，地势陡峭，风景秀丽，素有“峨眉天下秀”之称，峨眉山最高的万佛顶海拔 3099m，高出峨眉平原 2700 多米。《峨眉郡志》云：“云鬘凝翠，鬒黛遥妆，真如螓首蛾眉，细而长，美而艳也，故名峨眉山”（图 2–5）。

图 2–5　峨眉山景观

峨眉山介于北纬 29°16′～29°43′，东经 103°10′～103°37′ 之间，为邛崃山南段余脉，自峨眉平原拔地而起，山体南北延伸，绵延 23km，面积约 154km^2，主要由大峨山、二峨山、三峨山、四峨山 4 座山峰组成。山的中、下部分布着花岗岩、变质岩、石灰岩、碎屑岩，山顶部盖有玄武岩。

峨眉山处于多种自然要素的交汇地区，区系成分复杂，生物种类丰富，特有物种繁多，保存有完整的亚热带植被体系，有 3200 多种植物，约占中国植物物种总数的 1/10。峨眉山还是多种稀有动物的栖居地，动物种类达 2300 多种。山路沿途有较多猴群，常结队向游人讨食，为该山一大特色。

峨眉山是普贤菩萨的道场，宗教文化特别是佛教文化构成了峨眉山历史文化的主体，所有的建筑、造像、法器以及礼仪、音乐、绘画等都展示出宗教文化的浓郁气息。山上多古迹、寺庙，有报国寺、伏虎寺、洗象池、龙门洞、舍身崖、峨眉佛光等胜迹，是中国旅游、休养、避暑胜地（图 2–6）。

图 2–6　峨眉山报国寺

峨眉山及其周边交通非常方便。成昆铁路、成绵乐城际高铁、成乐高速、乐峨高速、乐雅高速等均可直达峨眉山，峨眉山市距最近的双流国际机场120km，距预计2022年竣工的乐山机场40km。

二、北碚区地质实习

1. 北碚区地质实习的目的和要求

通过北碚区地质实习加深和巩固各门基础地质课程中所学的地质知识，尤其是沉积岩石学和构造地质学，掌握野外地质调查工作的基本内容、方法和规范，学会收集和整理地质资料，并绘制相应的地质图件，增强学生对各种地质现象（如褶皱、节理、断层）的分析能力。初步确定各种岩性并且判断沉积环境。也可培养学生吃苦耐劳、坚持不懈的精神。

北碚实习区具有丰富的构造现象，区内褶皱强烈，最老地层为中二叠统茅口组地层，最新地层为中侏罗统上沙溪庙组地层；背斜轴向为北北东—南南西向，并向南西发生倾伏；同时，该区断层现象典型，易于识别；这些丰富的构造特征可以有效帮助学生巩固构造地质知识，并掌握构造填图技能；此外，北碚实习区的沉积相剖面具有相标志清晰的特征，有助于学生分析沉积相、建立相模式。因此，该区是西南石油大学、重庆科技学院等高校师生进行构造地质和沉积相实习的地区。

实习的要求包括：

（1）了解实习区的人文、地理、交通、经济等情况，区域构造位置，地层系统及主要构造特征。掌握野外地质填图的基本内容、步骤和方法。

（2）确定地质填图的基本单位。对主要地层作剖面实测，绘制剖面图、柱状图。

（3）通过对地层、断层、构造界限定点，观察岩层产状等进行地质填图。编绘地形地质图、构造剖面图和综合地层柱状剖面图。

（4）掌握不同沉积环境下的相标志特征、沉积相的分析方法和岩相古地理环境恢复方法。根据相标志确定沉积相类型，编绘沉积相综合柱状剖面图和相序图。

（5）了解实习区的区域构造特征、发展史及主要矿产资源情况，了解其含油气特征与断层、节理的研究方法。

（6）勤敲打、勤观察、勤测量、勤追踪、勤记录、勤整理。

（7）编写实习报告。

2. 北碚区自然环境与人文景观

北碚区是重庆主城区之一，地处重庆市西北部，是中国历史上第一个事先规划、逐步按计划建设的经济开发区。因有巨石伸入嘉陵江中，被称为碚，又因在渝州之北，故名北碚。北碚区东接渝北区，南连沙坪坝区，西接璧山区，北邻合川区，面积 754.19km^2，管辖 9 个街道、8 个镇。2016 年末城市建成区面积 58.31km^2，全区常住人口 79.61 万人。

北碚区的地理位置和经济在重庆市具有重要地位，西南石油大学野外实习以北碚区辖内的嘉陵江段为研究对象，对该江段地质构造进行研究。实习地区位于重庆市北碚区天府镇及周边地区，面积约 20km^2，其地理坐标为东经 106°28′～106°31′，北纬 29°50′～29°53′。

天府地区的地表形态为山地类型的低山区，海拔高度为 400～750m，最高为后峰山，海拔 773m，北高南低。该地区山峰林立、沟谷交错，山和谷的方向大致为北东—南西向。实习区基岩裸露、泥薄水浅、森林稀疏、梯田密布。

实习区曾以采煤业为主业，有最早开发煤田的天府矿务局及乡村开办的小型煤矿，亦有生产石灰、水泥，出产黄铁矿、石英砂，采石的中、小型企业。

实习区交通极为便利。实习区南邻嘉陵江，有轮船下抵重庆、上至合川；襄渝铁路、渝岳公路由实习区西北而过；市区公共汽车有北碚—后丰岩、北碚—杨柳坝、北碚—三汇坝等线。

三、旺苍区地质实习

1. 旺苍区地质实习的目的和要求

通过旺苍区地质实习加深和巩固各门基础地质课程中所学的地质知识，尤其是普通地质学和沉积岩与沉积相方面的知识，掌握野外地质调查工作的基本内容、方法和规范，学会收集和整理地质资料，并绘制相应的地质图件，学会野外鉴定三大类岩石的基本方法、根据相标志进行沉积相的分析，并培养吃苦耐劳、坚持不懈的精神。

旺苍实习区和峨眉、北碚实习区相比，具有岩石类型丰富（沉积岩、岩浆岩和变质岩均发育）、可见四川盆地的基底（前震旦系）、地层连续（前震旦系—二叠系）、相标志类型丰富且易于观察、沉积相相序演化连续的特点，是进行地质认识实习和沉积相实习的较好野外实习区。

2. 自然环境与人文景观

旺苍区地质实习的具体地点是在米仓山。米仓山位于四川省北部，北邻陕西省，是我国南北自然分界线——秦岭至大巴山的重要组成部分，是汉江、嘉陵江的分水岭。实习地点位于米仓山自然保护区中，该区地处米仓山—大巴山山脉西段南坡，四川盆地北部广元市旺苍县境的东北部，北接山西甘肃黎坪国家森林公园，西临广元元坝，南接苍溪、阆中。地理位置为东经106°24′～106°39′，北纬32°29′～32°41′。

成都至旺苍米仓山交通便利。米仓山自然保护区自然景观和人文景观等资源丰富。在自然景观资源中尤以地质景观、山景、洞景、峡景、崖景等最突出。区内刘家岩至关口垭的岩浆岩与古生代地层的分界线，界线清晰，是研究米仓山地质演变的重要标志。矗立在保护区东北部的东、西鼓城山，犹如两个巨鼓，形象逼真，规模巨大，在国内外岩溶山地中也实属罕见（图2–7）。此外，米仓山景物各异的洞景、色彩随四季变化的崖景、风光秀丽的峡景等，以及河景、瀑布景观、生物景观等自然资源多姿多彩；而古遗址、古栈道以及独具风貌的民居等丰富多样的人文景观，既有生态、观光、休闲旅游的功能，又有科学考察和科学普及的教育功能。西南石油大学实习基地就建设在米仓山自然保护区内。

图 2–7　米仓山自然保护区鼓城山

第三章 野外安全防范与自救

第一节 野外实习安全基本保障

一、野外工作站

野外地质调查是高度流动、分散的作业，工作环境多变，危险因素较多，对野外地质调查安全保障提出了较高的要求。为了保障艰险地区野外地质调查项目组人员的安全与健康，我国在多地设立了野外工作站。野外工作站的主要职责包括：

（1）负责所管辖地区野外地质调查安全保障和应急救援工作；

（2）负责对进入管辖内的地质调查项目组和人员的安全保障条件进行检查、监督；

（3）负责管辖区野外地质调查应急通信网络管理，建立与保持野外一线通信；

（4）其他服务。

二、野外通信保障

我国野外地质调查工作远离城镇，通信条件较差，一

般情况下野外地质调查工作区域没有常规的电缆通信、微波通信等信号覆盖，尤其在我国西部高原、戈壁、沙漠地区和海域。

1. 野外通信设备

野外通信设备是野外地质调查工作安全保障的基础，是野外地质调查工作安全保障和生产调度的必需设备，有时甚至成为野外地质调查工作人员赖以生存的必备条件。受到野外电力资源和野外地质调查工作流动性的制约，适合野外地质调查工作的可选用通信设备比较少。从经济实用性的角度出发，如果野外地质调查工作区域处于常规电缆通信、微波通信等通信信号覆盖地区，野外地质调查工作安全保障通信设备应选常规通信设备。如果野外地质调查工作区域处于常规电缆通信、微波通信等通信信号没有覆盖的地区，野外地质调查工作安全保障通信设备应选择卫星通信或无线电台通信。对于野外地质调查工作区域相对固定、工作周期比较长的野外地质调查工作，可组建独立的野外地质调查工作安全保障通信网络，并与外界连通。

野外地质调查工作通信设备应该选择适应野外地质调查工作区域地理、气候通信条件要求的通信设备。一般情况下，应该选择体积小、重量轻、操作简单、通信信号好、具有一定的防水能力、电力资源待机时间长的通信设备。

2. 野外通信要求

野外地质调查工作安全保障通信的关键在于通信安全、高效。野外地质调查工作安全保障通信是否通信安全、高效，除了需要选择好野外通信设备外，对野外通信的管理以及对应急通信的工作要求也十分关键。野外地质调查工作日常作业时，应保持通信设备处于良好的工作状态，并经常检查通信设备是否能正常工作，电力是否充足。如果通信设备处于失效状态，应该及时更换或者寻找替代通信设备。在野外地质调查工作日常作业过程中，禁止长时间使用以电池作为电源的野外通信设备。如果使用无线电台作为野外通信设备，电台应该有人员值守，并经常检查电力资源供应状态。如果无线电台使用车辆电池直接供电，应该经常检查车辆电池的工作情况。应重点注意车辆电池的电力是否耗尽、油料是否不足，避免车辆无法启动或行驶等问题。野外地质调查工作无线电台应保持与周边的上一级野外地质工作电台的经常通信联络。如果有条件，野外地质调查工作通信设备应尽可能使用太阳能供电系统供电。

如果野外地质调查工作发生突发应急事件，处于突发事件地点的野外地质调查工作通信设备应始终保持通信畅通，周边的野外地质调查工作通信设备听到呼救，应该尽义务全力提供救助，其上级或负责本地区的野外地质调查工作安全保障机构通信设备应该保持 24 小时有人员值守。

第二节 野外实习应遵循的基本原则

野外实习安全永远是第一位的。为了高效完成野外实习，在野外实习者，应遵循一些基本原则。

一、认识实习区的环境，选择条件好的路线或剖面

实习过程中，路线或剖面多是实习指导教师提前规划好的，但某些内容难免会要求学生自己完成，因此路线的选择对实习安全尤为重要。在路线选择时，尽量参考以下原则：走直道，不走弯路；走大路，不走小路；走主干道，避免走支道；走常行道，避免走自创道；不走兽道；尽量选择安全的路线，避免走险道。

二、结伴同行

实习过程中，不能单独行动，因野外实习计划安排确需自主出行开展专项考察和研究活动者，必须征得实习指导老师同意，出行时必须结伴同行且不得少于 3 人，必须在规定时间内归队。如必须单独行动，也必须告知同伴去向、路线、相会时间和往返所需的大致时间。切忌擅自行动。

三、选穿合适的衣物

1. 鞋袜

野外实习，徒步行走是必需的，因此不适合穿皮鞋、

新鞋、塑料鞋或各种暴露脚面和脚趾的鞋，要尽量着运动鞋或户外专用鞋，并应注意以下几方面的问题：

（1）鞋的质量要好、大小适中、轻便，透气和吸湿性强、耐磨和具有一定防水性，具有一定的防潮耐寒的功能。

（2）鞋底要厚、底部有大而深的花纹，这样具有较好的防滑效果。鞋底的软硬也很重要，太硬不适合长时间行走，太软则容易被野外的尖石伤到脚底，因此，硬度应以中度偏硬较好。

（3）如果是在山区实习，多碎石坡路，那么硬底皮面的高腰登山鞋是最好的选择。这类鞋底多有大而深的花纹，防滑效果好；硬橡胶鞋底可以有效防止在碎石较多的坡面发生崴脚，并可保护脚底。高鞫的设计，可以更好地保护脚踝。

（4）野外实习以穿纯棉袜最好。这类袜子柔软、吸汗，可以保持脚部的干爽。

2. 衣裤

野外实习衣裤选择的总体原则是要具有保暖、防潮、防风、防水、透气、耐磨的性能；外衣的颜色选择也应注意，野外实习尽量选择颜色略鲜艳或鲜艳的，避免淡色或与自然接近的颜色。

（1）野外实习若在夏季，野外各种动物较多，野外的各种带刺植物也是潜在危害。因此，夏季实习时衣物应避免短装，尽量穿着散热和透气性能良好的长袖长裤。

（2）若是冬季进行野外实习，衣物的保暖性尤为重要。但应注意，冬季实习虽然寒冷，但如果在山区实习，在爬山过程中易出汗，因此贴身衣物应选择柔软吸汗的材质；而高山上风大，因此外套应选择可防风、防水且保暖性较好的衣物。

此外，野外实习期间，因条件有限，故对服装的抗菌防臭和防污性要求高。

第三节　野外基本生存技能

在野外实习时，可能因遇到一些特殊情况致使实习人员与外界失去联系、迷失方向，没有外界供给甚至身处险境。在这种情况下，要学会野外生存，直到救援人员的到来或者通过自己和团队的努力走出险境。

野外生存需要“五会”和“四能”。“五会”包括：会觅食、会找水、会生火、会设营、会在复杂情况下和复杂地形条件下行进。“四能”包括：能预防和处治日常伤病，能掌握野外急救方法，能防止野兽的侵袭，能争取紧急救援。

一、野外方向判定

白天判定方向的方法包括影钟法和手表法。

夜晚判定方向的方法南北半球有差异：北半球可通过

观察月亮或观察恒星的方式判断方向；南半球可用观察南十字星座的方式判断方向。

1. 影钟法

在一块平地上，竖直放置1m长的垂直树干。注明树影所在位置，顶端用石块或树棍标出（图3–1，a点）。15min后，再标记出树干顶端在地面上新的投影的位置（图3–1，b点）。两点间的连线会给出东西方向——首先标出的是西。南北方向与连线垂直。这种方法适用于任何经纬度地区、一天中的任何时间，只是必须有阳光。用这种方法可以检测移动的方向。

如果有时间，还可以用另一种更精确的方法——在早晨标出第一个树影顶点，以树干所落点为圆心，树影长的半径作弧。随着午时的来临，树影会逐渐缩短移动，到了下午，树影又会逐渐变长。标记出树影顶点与弧点的交点，弧上这两点间的连线会提供准确的东西方向——早晨树影顶点为西（图3–2）。

2. 手表法

传统的手表有时针和分针，可用来确定方向，前提是它表示的是确切的当地时间（没有经过夏时制调整，也不是统一的跨时区标准时间）。越远离赤道地区，这种方法会越可靠，因为如果阳光几乎是直射的话，很难精确确认方向。

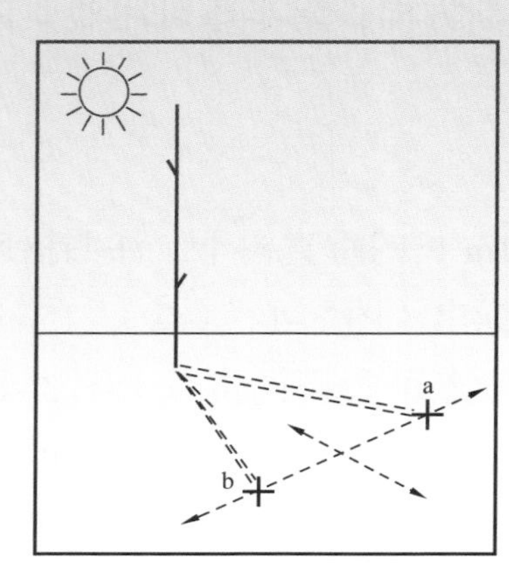

图 3–1　影钟法　　　图 3–2　影钟法（更精确）

北半球：将表水平放置，时针指向太阳，时针与 12 点刻度之间的夹角平分线即为南北方向（图 3–3）。

南半球：将表水平放置，12 点刻度指向太阳，时针与 12 点刻度之间的夹角平分线即为南北方向（图 3–4）。

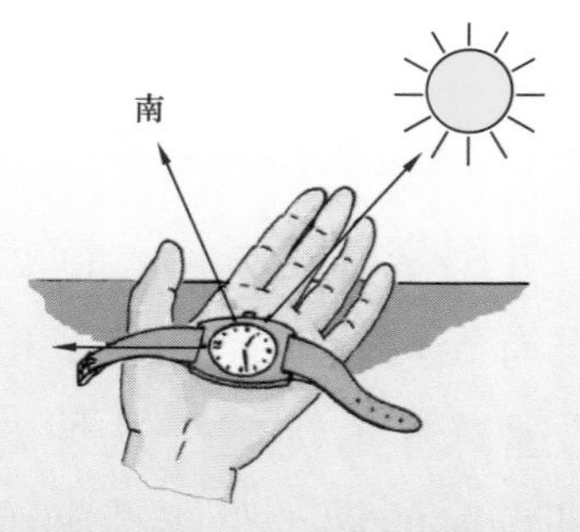

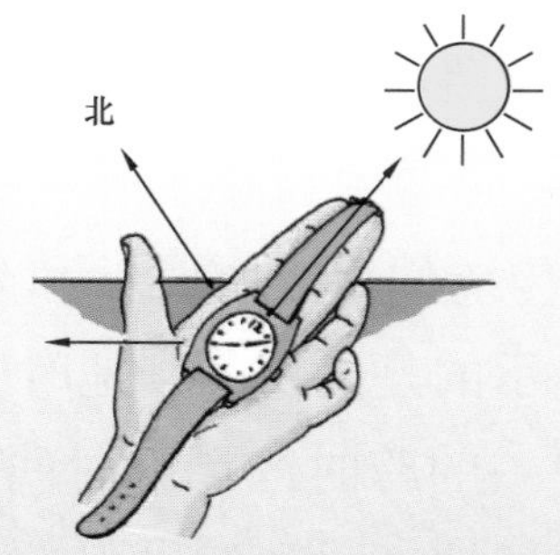

图 3–3　北半球手表法示意图　　图 3–4　南半球手表法示意图

3. 北半球夜间判别方向法

月球自身不发光，我们可以观察到的是月球反射的太阳光。当地球公转时，由于相对位置不同，从地球上看上去，月球的形状也不同。如果月亮与太阳在同侧时，会看不见月光，称为“新月”，然后逆时针公转，逐渐反射太阳光而变成满月。

如果月亮在太阳之前升起，被照亮的一面处于西方。如果月亮升起于太阳之后，“发光”的一面位于东侧。这种方法看上去简单，但并不是所有时候都可以用来判断，最常见的方式是通过观察恒星来判断方向。

二、野外饮水安全

水是生命之源，人一旦缺水，通常情况下活不过 3 天。所以野外地质实习一定要注意保持足够的水。如果补给有限，就要在野外寻找水源或者通过一些特殊的方法来获取水。

1. 寻找水源

1）通过植物寻找水

寻找水源的首选之地就是山谷底部的地区。如果在谷底看不到明显的溪流或积水池，就要注意长有绿色植物的地方，试着向下挖，很可能植被下面就是水源。甚至在干涸河床或沟渠下面也有可能发现泉眼，尤其是沙石地带。在高山地区应沿着岩石裂缝去找水。

2）通过动物寻找水

动物要喝水。观察周围动物活动情况，也许它们能指引方向。

青蛙生活在水里，听到它们的鸣叫，就等于找到了水。

昆虫是很不错的水源指示者，尤其是蜜蜂。大多数昆虫会在水源半径 90m 的范围内不停地飞行。

3）在沙漠中寻找水

在沙漠中某些植物（如仙人掌、荆棘类灌木）生长的地方就有可能找到水；在干涸的河流拐弯处，或者沙丘之间的洼地的最低处向下挖或许能找到水源；骆驼对于水的敏感性很高，沿着骆驼走的路一直走下去，寻找水源的可能性比较大。

2. 水源的采集

1）露水

露水是求生者最可靠的水源。露水刚刚形成，就应该及时收集，否则早晨的日光会将其蒸发掉。实践中可以找一件吸水性能强的衣服或布料做成布团，然后在草地上来回拖动，这样就可以吸水。布团吸足水后，再把水拧在容器中，烧开后饮用。

2）雨水

雨水一般是野外最安全的水源。下雨时，尽可能选取较大的蓄水池，利用各种可能的容器收集。在地下挖个洞，四周用黏土围住，就可以有效地收集雨水了。

3）冰雪融水

融雪时，应先放少量的雪，然后逐渐增多，防止雪过多在底部产生中空把锅烧坏。雪层底部的雪产水较多。

4）泉水和地下水

泉水和地下水通常都被泥土覆盖，还会掺杂树根草根之类的东西。挖井是获取地下水的好方法。取水时要等杂质慢慢沉到井底后再取。取水动作要轻，以免将水搅浑，然后烧开饮用。

5）水塘、江、河、湖水

水塘、江、河、湖中的水受污染的可能性比较大，要想饮用里面的水，要多加小心，切记将水过滤和煮沸后再饮用。

3. 饮用水净化

1）煮沸法

这是最常见也最行之有效的方法，在海拔不高于2500m且有火种的情况下，将水煮沸是对水进行消毒的好方法。如果在海拔3000m以上，煮沸时间应该增长。一般而言，海拔3000m煮沸时间5min，海拔4000m煮沸时间8min，海拔5000m煮沸时间10min。

2）吸附法

活性炭对水中的悬浮物和重金属有很强的吸附力，在水中放入活性炭能有效地净化水质。在野外可以利用点篝火剩下的（坚固的）木炭净化水质。

3）渗透法

在距水源 2～3m 处向下挖一个坑，让水自然渗到坑中，坑中水就会比水源中水清澈许多。

4）沉淀法

将水收集到盆或者壶等存水容器中，放入少量的明矾并充分搅拌，沉淀约 1h 后就会得到清澈的饮用水。如果没有明矾，可以在水中挤上少量牙膏，搅拌后沉淀也可以达到相同的效果。

4. 如何保持水分平衡

多休息、少活动，不抽烟，待在阴凉的场所保持凉爽。不要躺在灼热的地上或者高温的物体表面。不吃或者尽可能少吃东西。不要说话，用鼻子呼吸，而不要用嘴呼吸。

三、野外食物安全

1. 哪些野外植物可以吃

如果食用不熟悉的野外植物，请注意以下几点：

（1）检查。如果植物叶或者根茎上附着许多蠕虫，应放弃食用。

（2）嗅闻。切下植物的一小角，在鼻子前闻一闻，如果它有苦杏味或者桃树皮味或者其他刺激性气味，千万不要食用。

（3）皮肤刺激。稍稍挤出一些汁液涂在体表的敏感部位（如肘部与腋下之间的前上臂），如果感觉不适、起疹或肿胀，则不能食用。

（4）唇舔、舌尝、口嚼。皮肤刺激后，如果皮肤无任何不适的感觉，可以继续采取以下步骤，但每个步骤之间应该至少间隔 5s，以观察有无不适反应。

（5）吞咽。吞咽一小口，耐心等待 5h，其间不要饮食任何食物。

（6）食用。如果没有出现不适的症状，则认为这种植物可以食用。为了防止中毒，应煮熟后食用。

2. 常见可食用植物

1）野菜

野外有许多类似常见蔬菜的可食用野菜。可借助它们的气味加以识别。可食用野菜晾干后还可以保存。

茅莓：生长在山坡灌木林或路边，果实和嫩叶均可以生食。形态：攀援状灌木，叶子有 3 片或 5 片，近圆形，顶端有一片相对较大的叶子，边缘锯齿形，叶下面密生短绒毛，呈白色，果实红色有核。

苦菜：生长于山野和路边，易于采集，嫩叶茎可生食。形态：茎高 1m 左右，叶身在近根处较窄，色绿，表面呈灰白色，断面有白浆，夏季开黄花。

蒲公英：生长于田野、路边，易于采集。成熟期可采集嫩叶生食。形态：全株伏地，体内有白浆，叶色鲜绿，花茎上部密生白色丝状毛，一吹即散。

荠菜：生长于田野、路边、沟边，嫩苗可食。

2）茎

尽管许多植物的茎木化程度十分高，不过有些草木植物的嫩茎还是可以食用的，如马齿苋（不但可以食用而且可以药用）。

马齿苋生于田野、荒地、路旁。全草可食，味平淡。通常在5～9月中旬采嫩茎叶，用开水烫软，将汁轻轻挤出，加入调料即食。供药用，能治痢疾、退热，并有消炎和利尿作用，也可以用于外敷治毒蛇咬伤。形态：肉质木本，肥嫩多汁，茎多分支，圆形，往往带红色，通常平铺在地面。叶互生，也有对生的。叶片肥厚，呈瓜子形。花小，黄色，5瓣，3～5朵丛生于叶腑。花后结盖果，内有黑色种子。

3）花

有些植物的花可以食用，如酸橙、椴木、玫瑰、啤酒花、樱草和甘菊等。有些花还可以冲泡饮用。

4）根

秋冬交接时，植物根所含淀粉最多。在春季，则部分转换为维持其生长的糖。有些可以食用的根，直径可达几厘米，长度可达1m左右。

5）水果

水果等食物一般在夏季开始才有，常见可食用的有山葡萄、沙棘等。

山葡萄生长在北方山地，成熟的果实可生食，嫩条可解渴。形态：蔓性灌木，叶片圆形，叶柄很长，果实成熟后变成黑色。

沙棘生长在河岸旁的沙地或者沙滩上，成熟果实味微酸而甜，营养价值高。形态：有刺灌木，叶窄，上面橙黄色，下为绿色。果实近圆形，金黄色或橙黄色，许多个密生在一起。

6）坚果

常见的坚果有松果、核桃、榛子等。

7）真菌类

中等大小的真菌易于辨识。侧耳科、白蘑科、牛肝菌科、猴头菌、鬼笔科大多可以食用。

3. 野生植物加工方法

野生植物加工方法有煮、烤、烘、炸等。

（1）淀粉食物：植物的根部有大量可食用的淀粉。但生淀粉不易消化，含淀粉的植物都应该煮熟后食用。但应该注意，煮食时应煮两遍，煮的第一遍水应该倒掉，再用清水煮第二遍。

（2）果实：水果可直接食用，干果、坚果则可加工（煮、焙、烤）后食用。

（3）野菜：野菜多数是指多汁的叶子、豆荚、种子、秸秆及非木质性根。食用时要选择那些比较嫩的，煮熟后再食用。通过多次清水漂洗，可去除植物的苦味和异味。

四、野外生火安全

烧水、煮烤食物、宿营取暖、发求救信号、驱赶野兽都需要火。因此，在野外生存学会取火非常重要。

1. 选择生火地点

在野外，并不是随处都可以生火，因为稍有不慎就会引发火灾。搭载野营炉灶时，可选在近水处，但不要靠得太近，以免污染水源。为避免火灾，生火时，应清除火源周围的易燃物，特别是在风力大、干燥的日子更应当心。

生火要在风力小或背风的地方。地形平坦且风大时，可竖一道挡风墙或挖一道沟壕生火。

生火的地方不能太潮湿。如果找不到干燥的地方，可用湿木头或者石头搭建一个高出地面的平台生火。

2. 收集燃料

在野外最常见的燃料是干枯的植物，枯树枝、干草最为理想。干树皮、干苔藓、落叶、针叶松的干果和落果等是很好的引火材料。在没有树木的地区，同样有天然燃料，如油页岩、含油的沙土、干燥的动物粪便和动物油、废弃的生活垃圾、布面料、塑料和汽车轮胎等都可以作为燃料。

3. 怎样取火种

出发前一定要检查是否带有足够的火种。火柴是野外生活最主要的火种之一。火柴盒要作防水包装，如果火柴受潮，可采取如下方法进行补救：将潮湿的火柴放在干燥且不油腻的头发里摩擦，摩擦头发产生的静电可将潮湿的火柴烘干。携带的打火机最好选用防风打火机，有条件的话可以在救生包中带一个密封点燃器，上面附带几根灯芯油绳和火石，用防水胶布紧紧包好，可用它点400～600次火。如果野外作业时间较长或在高山极寒地带作业，应带上一个金属火柴，这种现代火柴可点3000次火。在没有火种的情况下，可用以下办法取火：

1）凸镜引火法

用放大镜透过阳光聚焦照射易燃的引火物取火。此外，放大镜透过阳光聚焦还可将受潮或被水浸湿后晒干的火柴点燃。在手电筒反光碗的焦点上放引火物，向太阳取光后也能取火。

2）电火花法

如果汽车蓄电池没有坏，可截取两段不太重要的电线，例如照明灯的电线或跨地线。两线各接一个电极，然后小心地把两线的另一端互碰，激出火花点燃设置好的引燃物。

3）电珠法

手电筒的电池和电珠也可以做引火工具。把电珠在细沙石上小心磨破，注意不能伤及钨丝，然后再把火药填入电珠内，通电后即能发火。若有电量较大的电池，可将正负电极接在削了木皮的铅笔芯的两端，顷刻间，铅笔芯就会烧得像电炉丝一样通红。用这种方法引火既方便又保险。

4）击石取火法

用黄铁矿打击火燧石可产生火花，使火花落在引火物上，当引火物开始冒烟时，缓缓地吹或扇，使其引起明火。

4. 生火技巧

开始生火时，如果是风大或者是燃料过湿，生火会很困难。生篝火需要有窍门：首先找一些纸条、布条或者干草、枯树叶等易燃物，把火点着后再加一些干草、细树枝，当火大后，再渐渐添加枯树枝。

五、野外宿营安全

在野外，为了遮风挡雨，御寒避暑，免受虫蛇叮咬、野兽侵袭，保证充足的睡眠和休息，庇护场所必不可少，野外宿营是野外生存的一项重要内容之一。长时间在野外作业一定要带帐篷、睡袋、吊床等宿营装备。同时刀斧、绳子也是必要的工具。搭帐篷时应按照帐篷架设、撤收的方法和要求进行操作。

六、野外天气观测

在野外进行地质调查，应该掌握一些通过观察天象和自然现象来预测天气的方法。用这些方法预测天气，虽没有气象部门预测的准确，但对于野外生存的人来说，学会这些方法对于野外活动有很大的帮助。

1. 根据云预测天气

“云是天气的招牌”。在天气改变之前，云层会提前发生变化，学会看云，就基本上可以把握眼前或者近期的天气变化情况，提前进行极端天气的预防。

（1）积云：只有“积”云的时候往往是蓝天、白云，预示着天气晴朗。

（2）积层云：代表积云密集，布满天空，预示着不久将会有雨或雪。

（3）卷云：表示低压正在活动，一两天内会发生天气变化，但当天一般不会下雨。

（4）卷积云：既有“积”的意思（形成小块），又有“卷”的意思（小块连成线），看上去类似鱼鳞。这样的云相预示着会在几小时或者一天后下雨。

（5）卷层云：薄薄的卷云密布，常常在月亮或者太阳周围形成晕，几小时后会下雨，常常是连绵的细雨。

（6）层云：较薄的层云一般会渐渐上升，并最后消失；稍微厚的一些层云有时会形成雾；灰色的较厚的低空云层能引起绵绵细雨，如遇到冷空气雨量会增大。

（7）高层云：随气压、气流的变化产生不同的变化，在短时间不容易确定，有时会打雷，然后下雨。

（8）高积云：一块块的云团在高空上飘荡，像一群无边无际的绵羊群。高积云有很大的不确定性；如果云团得风吹散，则天气转好；如果云团集中，几个小时之后就会下雨。一般情况下，云团被吹向西方，天气转好的可能性较大；反之，容易变天。

（9）乱层云：乱云密集排列，并不断翻滚，云色多为灰白，这种云相一般预示在几小时后会下雨。

（10）乱积云：典型的雷阵雨云相，云集中的地方是黑压压的云团，没有积云的地方甚至可以是晴天，夏天那种隔道不下雨的现象就是乱积云产生的，即哪里有乌云哪里就下雨。

2. 根据动物行为预测天气

（1）蜘蛛：早晨看到蜘蛛网上结有水珠，当天就是一个晴朗的天气。因为在天气晴朗时，昼夜的温差比较大，暖湿气流会在遇冷时凝结成小水珠。

（2）青蛙：下雨前夕，空气的湿度会增大，青蛙的敏感皮肤就会马上感知，青蛙会不停地叫，音量也超过平常。

（3）蚂蚁：在大雨即将到来时，蚂蚁会把家搬到较高的地方，因此，看到蚂蚁搬家时，往往预示着会下一场大雨。

七、野外攀登和下降

在野外实习或进行地质调查工作，经常需要进行山脉的攀登和下降，特别是某些地区地理环境险恶，有可能导致人在高处或留在深谷，掌握一些攀登和下降的技巧有助于脱离险境。

1. 攀登技术

在陷入险境的情况下，可能没有任何的攀登工具，徒手攀登尤为重要。

（1）徒手攀登法：此处以“大”字攀登法为例，伸展双臂，分开双腿，使身体呈“大”字形，并像壁虎那样将身体的腹面紧贴岩壁［图 3–5（a）］。

（2）足背支撑法。这种攀登方法比较适合攀登 1m 左右宽的裂缝和间隔适当的岩壁［图 3–5（b）］。

（3）反向支撑法。支撑的原理与足背支撑法相同，但支撑的部位靠四肢。在攀升过程中，脚尖基本是朝下的，脚掌和手掌着力机会较多。反向支撑法适合攀登裂缝和有凹陷的陡坡［图 3–5（c）］。

（4）“大”字形攀登法。攀登者伸展双臂，分开双腿，身体的腹面紧贴岩壁，整个身体呈“大”字形。攀升过程中脚尖在上，脚跟在下，脚前掌着力为主，脚跟着力少或不用力；手是以手指着力为主，而手掌基本不着力。这种方法一般是在两手和双脚都能在岩壁上不断寻找到能着力点的岩壁上进行［图 3–5（d）］。

（5）戳穴攀登法。在攀登前，准备一根短木棍（一头为锥形）或坚硬石块，或地质锤；边攀爬边在坡上戳穴，作为落脚点。该方法多用于松软泥土陡坡处［图 3–5（e）］。

（6）攀援。有些陡坡或峭壁上生有藤本植物或者是暴露出许多树根，拽住它们可以借力攀援。在攀升过程中，双脚应同时与身体呈 90°，应避免身体离陡坡较远；同时，应选择活的藤蔓等作为借力对象［图 3–5（f）］。

（a）徒手攀登法

（b）足背支撑法

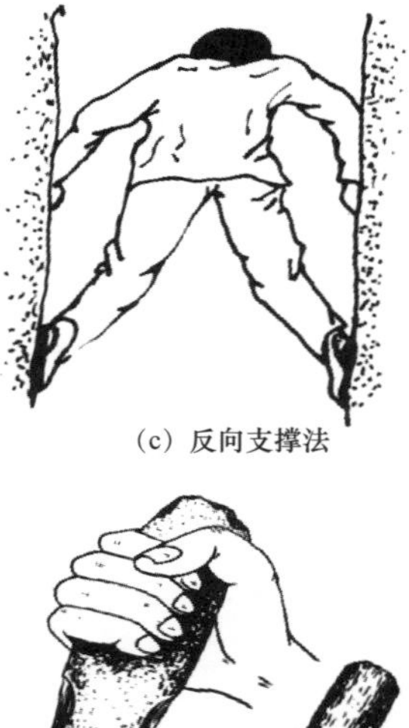

（c）反向支撑法

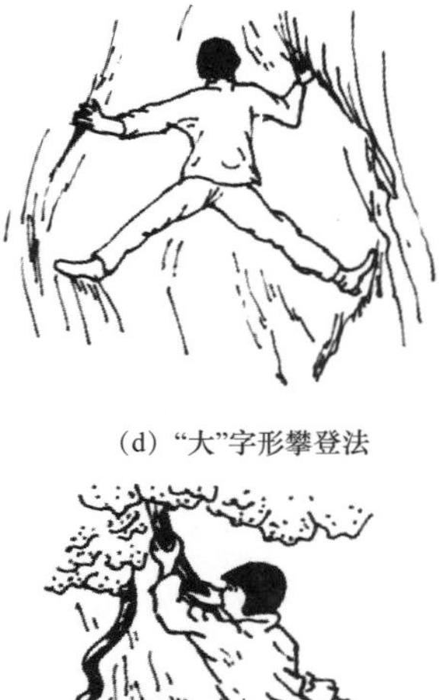

（d）“大”字形攀登法

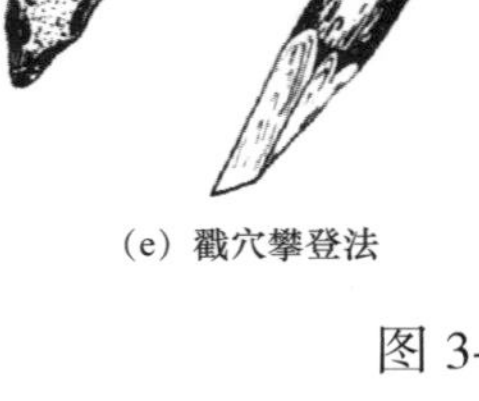

（e）戳穴攀登法

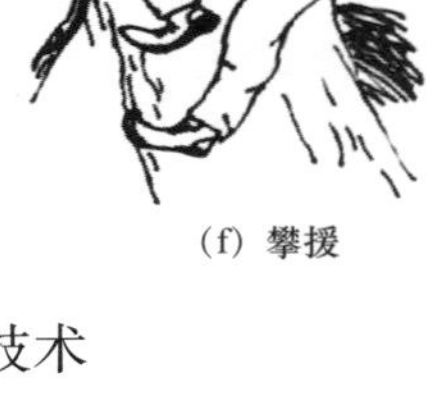

（f）攀援

图 3–5　攀登技术

2. 下降技术

（1）五点下降法。为了增加摩擦力和稳定性，在下降过程中除了四肢还可以利用臀部［图 3–6（a）］。

（2）侧面下降法。双手或者单手扶地，双脚交替以内侧和外侧着地。侧面下降法是专业人士推崇的方法。其优点很多，脚侧着地，受力面积大；下身侧面，滑坠时可以及时趴在坡面上；视野宽阔；下降速度快。但侧面下降法不太适合较陡的坡面［图 3–6（b）］。

（3）倒退下降法。背面朝天，四肢着地，手脚交替向下移动［图 3–6（c）］。

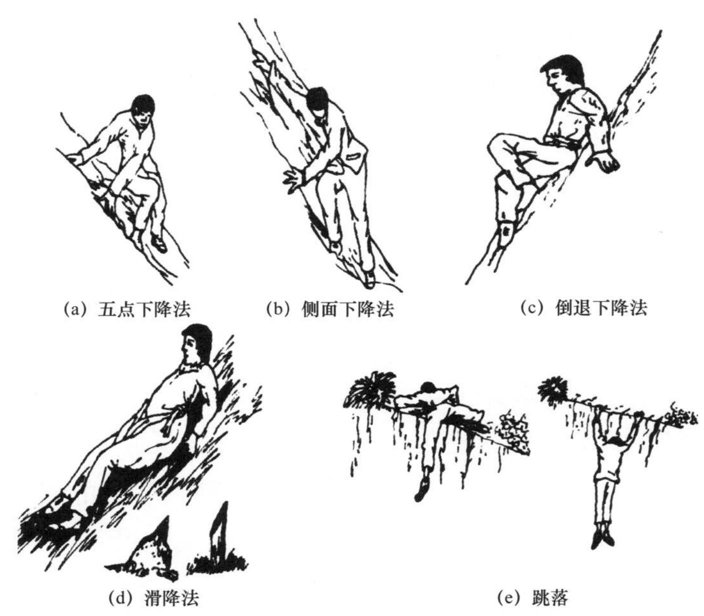

(a) 五点下降法　(b) 侧面下降法　(c) 倒退下降法

(d) 滑降法　(e) 跳落

图 3–6　下降技术

（4）滑降法。如果坡面上到处是树叶、短草、细小的砂砾，这时可以考虑直接滑下去。准备下滑前，要做好臀部、小腹、腿、足部的保护［图 3–6（d）］。

（5）跳落。有时候，在经过分析和尝试后，发现没有可能用你平时掌握的任何一种方法下降，或者是紧急时刻，必须在很短的时间内下降，也可以考虑直接跳下。在选择直接跳下前，要结合落差的多少，分析跳下和留在原处的后果哪个是可以接受的，选择结果对自己伤害比较小的方案。准备跳落前，要注意选择着地点、俯身或扒边缘以缩短下跳距离、选择缓冲方法化解缓冲力［图 3–6（e）］。

第四节　自然灾害与避险

大自然的千变万化所形成的环境多样性，使地球千姿百态，也使我们的生活丰富多彩。但是，大自然也会在某些时候给人们带来伤害。人们称那些还不能适应的自然变化为自然灾害，具体指给人类生存带来危害或损害人类生活环境的自然现象。

自然灾害按照性质可分为地质灾害、气象灾害、气候灾害、生态灾害、天文灾害、水文灾害。常见的有高温、低温、寒潮、洪涝、冰雹、霜冻、暴雨、暴雪、地震、泥石流、沙尘暴、雷电等。本节将重点阐述地质灾害和气象灾害。

一、地质灾害

地质灾害是指在自然或者人为因素的作用下形成的，对人类生命财产、环境造成破坏和损失的地质作用。常见的地质灾害主要指危害人民生命和财产安全的崩塌、滑坡、泥石流、地震等。因此前往山区沟谷开展野外地质工作时，应事先了解当地近期天气情况和地质灾害预报，尽量避免大雨或连续阴雨天气进入山区沟谷。

1. 崩塌

崩塌是指陡倾斜坡上的岩土体在重力作用下突然脱离母体的崩落、滚动、堆积在坡脚的地质现象，特别容易发生在雨季。

在野外的自然环境中，发生崩塌的地方并不很多。如果能够尽早发现易崩塌的坡体或是提前察觉崩塌的迹象，能够大大降低陷入险境的概率。

可能发生崩塌的地方：坡体大于45°、且高差较大，坡体成孤立山嘴，或凹形陡坡状。坡体内部裂隙发育，尤其垂直和平行斜坡延伸方向的陡裂隙发育或顺坡裂隙或软弱带发育，坡体上部已有拉张裂隙发育，并且切割坡体的裂隙、裂缝即将可能贯通，使之与山体形成了分离之势。

崩塌出现的前兆：崩塌体后部出现裂缝；崩塌体前缘掉块、土体滚落、小崩小塌不断发生；坡面出现新的破裂变形，甚至小面积土石剥落；岩质崩塌体偶尔发出撕裂摩

擦错碎声。

预防措施：若坡体前部存在临空空间，或有崩塌物发育，这说明曾发生过崩塌，今后还可能再次发生，应当多加小心。若出现前述崩塌前兆，切忌在陡崖附近停留、休息；不要在陡坎和危岩突出的地方避雨；不要攀登危岩；注意收听天气预报，避免暴雨天进入山区。

求生方法：如果已经发生崩塌，应迅速向崩塌体两侧跑（图 3–7）。

在峨眉、北碚和旺苍实习区中，尤以峨眉和旺苍实习区易发生崩塌事件。如峨眉实习区龙门硐剖面，由于嘉陵江组、雷口坡组地层较直立，裂缝较发育，易发生崩塌现象，因此景区已在该区域进行了灾害处理（图 3–8），包括坡面的钢丝网和支撑柱等防治措施，但在该区实习时仍要注意不要敲打岩石并快速通过，以保证自身安全。

图 3–7　崩塌自救图

图 3–8　峨眉实习区崩塌及防治

2. 滑坡

滑坡是指在山坡岩体或土体顺斜坡向下滑动的现象。当夏季有突发性暴雨的时候，滑坡最易发生。

1）滑坡前的异常现象

（1）在滑坡前缘坡脚处，有堵塞多年的泉水复活，或者泉水突然干枯等；（2）在滑坡体中，前部出现横向及纵向放射状裂缝；（3）滑坡体前缘坡脚处，土体上隆；（4）有岩石开裂或被挤压的声响；（5）滑坡体四周岩体出现小型崩塌和松散现象；（6）滑坡后缘的裂缝急剧扩展，并从裂缝中冒出热气或冷风；（7）滑坡体范围内的动物惊恐异常，猪、狗、牛惊恐不宁，老鼠乱窜不进洞，树木枯萎或歪斜等。

2）滑坡体的野外特征

在野外，从宏观角度观察滑坡体，可以根据一些外表迹象和特征粗略的判断它的稳定性。其中已稳定的老滑坡的特征包括：（1）后壁较高，长满了树木，找不到擦痕且十分稳定；（2）滑坡平台宽大且已夷平，土体密实，有沉陷现象；（3）滑坡前缘的斜坡较陡，土体密实，长满树木，无松散崩塌现象。前缘迎河部分有被河水冲刷过的现象；（4）目前的河水远离滑坡的舌部，甚至在舌部外已有漫滩、阶地分布；（5）滑坡体两侧的自然冲刷沟切割很深，甚至已达基岩；（6）滑坡体舌部的坡脚有清晰的泉水流出……等等。

不稳定的滑坡体常具有下列迹象：（1）滑坡体表面总体坡度较陡，而且延伸很长，坡面高低不平；（2）有滑坡平台、面积不大，有向下缓倾和未夷平现象；（3）滑坡表面有泉水、湿地，有新生冲沟；（4）滑坡表面有不均匀沉陷的局部平台，参差不齐；（5）滑坡前缘土石松散，小型坍塌时有发生，并面临河水冲刷的危险；（6）滑坡体上无巨大直立树木。

3）求生方法

发生滑坡时，向两侧跑为最佳方向（图 3–9）。在向下滑动的山坡中，切记不要顺着滑坡方向跑，向上或向下跑都是很危险的。滑坡呈整体滑动时，原地不动，或抱住大

图 3–9　滑坡自救图

树等物，不失为一种有效的自救措施。如1983年3月7日发生在甘肃省东乡县的著名的高速黄土滑坡—洒勒山滑坡中的幸存者就是在滑坡发生时，紧抱住滑坡体上的一棵大树而得生。发生滑坡时，不要贪恋财物，要迅速离开房屋；向滑坡体两侧跑离危险区；如条件允许，应立即向领导汇报并组织受威胁的人员撤离。

在峨眉实习区，滑坡是较常见的地质灾害之一。如在阳岗实习区，就发生过多次滑坡。因此在野外实习时，如遇暴雨天气，应避免到易发生滑坡现象的实习点，以保障自身安全（图3–10）。

图3–10　峨眉实习区滑坡

3. 泥石流

泥石流是指在山区或者其他沟谷深壑，地形较为险峻的地区，由暴雨、暴雪或其他自然灾害引发的携带有大量泥沙以及石块的特殊洪流。泥石流多发生在雨季，在雨中或雨后出现。有时，泥石流的流速很快，有很大的冲击力，可造成生命和财产的严重损失。

典型的泥石流由悬浮着粗大固体碎屑物并富含粉砂及黏土的黏稠泥浆组成。在适当的地形条件下，大量的水体浸透流水山坡或沟床中的固体堆积物质，使其稳定性降低，饱含水分的固体堆积物质在自身重力作用下发生运动，就形成了泥石流。通常泥石流爆发突然、来势凶猛，可携带巨大的石块。因其高速前进，具有强大的能量，因而破坏性极大。

泥石流流动的全过程一般只有几个小时，短的只有几分钟，是一种广泛分布于世界各国的一些具有特殊地形、地貌状况地区的自然灾害。泥石流大多伴随山区洪水而发生，它与一般洪水的区别是洪流中含有足够数量的泥沙石等固体碎屑物，固体碎屑物所占体积分数最低为 15%，最高可达 80% 左右，因此比洪水更具有破坏力。

1）预防措施

（1）每日出发前实习带队教师应了解当地当天的天气情况，合理规划实习内容，仔细了解、掌握实习点的地形地貌、地表覆盖情况等，制定应急预案及安全保障措施。（2）在雨季以及下雨的过程中，应避免在山谷水流汇集处活动。（3）禁止雨前、雨后在低洼地段进行野外实习；（4）不要把宿营地搭建在沟谷的低点。（5）禁止实习师生在水系发育地带休息。（6）在水系较发育的河床、山涧及河谷等地实习时，应随时注意上游的情况，听到远处山谷传来打雷般声响时，要高度警惕，这可能是泥石流将至的征兆。（7）在山谷进行野外实习时，应选择好逃生路线。如果遇上大雨，一定选择山脊、树木多的山坡通过，迅速转移到安全的高地，不要走在两山之间的低谷。（8）若突遇泥石流，应选择最短、最安全的路径向沟谷两侧山坡或高地跑，切忌顺着泥石流前进方向奔跑；不要停留在坡度大、土层厚的凹处；不要上树躲避，因为泥石流可扫除沿途一切障碍；避开河（沟）道弯曲的凹岸或地方狭小高度又低的凸岸；不要躲在陡峭的山体下，以利躲避坡面泥石流或崩塌。

2）泥石流出现的前兆

一般会出现巨大的响声、沟槽断流和沟水变浑等现象。泥石流携带巨石撞击产生沉闷的声音，明显不同于机车、风雨、雷电、爆破等声音。沟槽内断流和沟水变浑，可能是上游有滑坡活动进入沟床，或泥石流已发生并堵断沟槽。泥石流沟谷下游沟谷洪水突然断流或水量突然减少；泥石流沟谷上游出现异常气味；泥石流沟谷出现滑坡堵沟；泥石流支沟出现小型泥石流；动物出现鸡犬不宁、老鼠搬家等异常现象。石头、泥块频频飞落，或向某一方向冲来，表示附近可能有泥石流袭来；如果响声越来越大，泥块、石头等已明显可见，这表示泥石流就要来到。

3）求生方法

沿山谷徒步行走时，一旦遭遇大雨，注意观察周围环境，发现泥石流后，要马上攀到与泥石流成垂直方向一边的山坡上。

如果遭遇泥石流时在室内，应迅速从房屋里跑出来到开阔地带，并且要避免滑倒。因为泥石流最大的危险是埋葬、吞没低处的物体。同时也要避免撞击。因为如果泥石流比较大，可能带动较大的石块冲下来，应注意躲避。如在野外遇到泥石流，要向沟谷两侧山坡或坚固的高地跑，绝对不能顺着泥石流前进方向奔跑（图 3–11），不要上树躲避，不要躲在陡峭的山体下。如果身边有比较大的树木或者岩石，可以躲在后面，以防石块撞击。最后要注意保

图 3–11　泥石流的求生方法

护头部，并防止泥水呛入口中。

旺苍实习区的鼓城乡曾发生过泥石流，现已在该区修建拦渣坝、导水渠等预防措施，避免灾害的再次发生。大家在该区实习时，同样应避免在暴雨过后前往，以保障自身的安全。

4. 地震

地震具有范围广、突发性、破坏性强等特征，不但可直接毁坏建筑，还可能引发山体滑坡、洪水、海啸等。

1）预防措施

在听到地震预报或者感觉到地震即将来临时，远离建筑物和耸立的高大物体；在野外不要进入山洞，以防倒塌；不要待在山顶有碎石的山坡，以防滑落的石块轧伤；地震后，不要马上进入倾斜或有裂缝的建筑物中抢救物品，以防余震发生；不要使用电梯，以免因停电或者电梯扭曲而被困；远离海滩，以免发生海啸；等待期间，在安全地带搭建临时庇护所。

2）地震发生的前兆

地震发生的前兆包括地面的颠动、地声、地光、建筑物的晃动等，还包括地下水的异常。当岩层受力变形时，地下含水层的状态也会变化，因此地下水往往产生一些异常现象：井水翻花冒泡，忽升忽降，无雨水变浑，变色、变味又难闻，但地下水易受环境影响，因此，发现异常不要惊慌，应先报告地震部门；天旱井水冒，反常升降，无雨水变浑，变色、变味又难闻，喷气又发响，翻花冒气泡。

动物在震前往往会出现反常行为，下面是一首歌谣，讲的就是震前动物前兆：

震前动物有前兆，发现异常要报告。
牛马骡羊不进圈、猪不吃食狗乱咬。
鸭不下水岸上闹、鸡飞上树高声叫。
冰天雪地蛇出洞、老鼠痴呆搬家逃。
兔子竖耳蹦又撞、鱼儿惊慌水面跳。
蜜蜂群迁闹哄哄、鸽子惊飞不回巢。

地声与地光往往结伴出现，都是在临震前或震时。地声类似于机器轰鸣声、雷声、炮声、狂风呼啸声；地光的颜色多样，形状各异，可表现为带状、片状、球状、柱状，还有火样光等。地震前气象会发生相应变化，如天气骤冷、骤热，出现大旱、大涝。地震前电磁场也会发生变化。

3）求生方法

在晃动中，保持平衡或通过滚动来逃离可能有重物压下来的地方；在建筑群中，可以选择角落或者有较好支撑物的位置；如果在车里，周围没有建筑物或山崖时应马上停车，如果周围有建筑物或山崖应加大油门驶离危险地带停车，没有特殊情况尽量留在车里；在山上，尽量往山顶移动；在平原，尤其是黄土地面，如果趴在地上，就会减少掉进裂缝的概率；在堤坝下时应马上逃离，以免堤坝决口；如果时间允许，逃跑或躲避时，随便拿点水和食物，可以延长等待救援的时间；如果被压在废墟中，应认真分析处境并制定逃生计划；在覆盖物不多的情况下，要自己想办法爬出来；移动覆盖物时要小心用力，以免引起新的倒塌；如果覆盖物较多，确定不可能逃生，要耐心等待救援。

二、气象灾害

1. 低温

低温是相对人体而言的寒冷。相对寒冷主要是根据人体的热量平衡来衡量。在肌体失温的情况下，最先受到伤害的往往是末梢部位。当肌体的核心部位的温度接近 35℃时，人体就会出现一系列异常现象，包括头晕、气短、神志不清、运动迟缓等。在这种情况下，要及时采取措施，否则将危及生命。

主要症状：失温初期，身体会发抖。如果情况得不到缓解，会停止发抖、反应迟钝、行动迟缓。知觉度也会下降，起初是有刺痛感，接下来就会麻木甚至失去知觉。

预防措施：保持衣服干燥；头部保温；利用油脂可以保温；控制出汗；千万不要在寒冷中睡着；经常活动手脚；不要将衣服扎得过紧；没有手套时可以用袜子代替手套。

求生方法：点火；利用一切保温材料，如干草、树皮、兽皮、大树叶、降落伞、汽车靠垫、塑料袋等；利用雪的保温作用，在寒冷地区，雪层下面的温度要比空气中的温度高出许多，可防止热量损失；风可以带走很多热量，尽量避风；地面可吸收热量，休息时不要直接以身体接触地面，尽量寻找树叶、树皮、干草等垫在身体下面。

2. 炎热

中暑是人体在高温环境下，散热功能调节障碍或调节失败而引起的不良反应。一般发生在持续高温环境，降温不及时或者体质虚弱时。

主要症状：主要表现为头晕、眼花、乏力、胸闷、口渴、体温升高、面部潮红或者苍白、恶心、呕吐、大量出汗、脉搏细速、血压下降等。严重时可能会有高热、肌肉痉挛、意识模糊、昏迷的情况。

处理方法：对于轻度中暑患者，应马上让患者离开高温环境，到阴凉通风处休息，多喝冷却后的含盐开水，一般可逐渐恢复。对于中度中暑患者，除以上操作之外，还要解开患者的衣服，在头部和胸部作冷敷，在太阳穴涂抹清凉油。如果有条件，可用针灸疗法和刮痧疗法。对于重症中暑患者，原则上应该马上送医院治疗，作电解质平衡治疗。在野外，可以采用物理疗法，如扇风、大面积冷敷、酒精擦浴等。

预防措施：高温环境工作，要间歇性休息；出汗过多时，喝盐水；随身配备人丹、藿香正气液、清凉油等防暑降温药品；高温天气在太阳下活动，要尽量穿着浅色的衣服，并戴好遮阳帽；穿越沙漠时，尽量选择晚间赶路，白天休息。

3. 暴风雨

夏季实习时，很容易遭遇暴风雨。当遭遇暴风雨时，应根据行进的路段、雨势的大小以及身体状况迅速决定是继续前行还是避雨。

求生方法：若选择继续前行，由于暴风雨影响能见度，应更加注意判别方向；雨湿路滑，必要时应使用安全绳。若选择避雨，应选择安全的地方，并注意保暖、防雷、防山洪。在宿营时遭遇暴风雨，应根据周围地形和雨势大小决定是否将帐篷转移到安全地点，对帐篷进行加固，挖好排水沟，整理好帐篷内多余物品，收入背包，随时准备撤离；并轮班派人外出巡逻，一旦发现山洪暴发、泥石流等危险存在，应马上撤离帐篷。

4. 雪崩

在北方，雪的危险是存在的。大雪可以堵塞道路，把人困在某个地方；雪天视线不好，容易迷路；巨大的雪堆也能影响信号，中断与外界的联系；厚雪能够困住汽车，使车队无法前进；雪地摩擦系数小，容易发生交通事故；在高山雪地，雪崩是可造成毁灭性损失的灾害。因此，掌握避险与危险中求生技能十分重要。

求生方法：一旦发生雪崩，向旁边跑较为安全，千万不要向下跑。也可跑到较高的地方或是坚固岩石的背后，以防被雪埋住。如果被雪崩赶上，抓住山坡旁稳固的东西，切记闭口屏息，以免冰雪涌入喉咙和肺部。如果被冲下山坡，要尽量爬上雪堆表面，同时以仰泳、俯泳或狗爬式逆流而上，保持身体位于雪面之上，逃向雪流的边缘。如果被雪埋住，要尽快弄清自己的体位。判断体位的方法是让口水自流，流不出则为仰位，向左或向右流到嘴角是侧位，流向鼻子是倒位。发觉雪流速度减慢时，要努力破雪而出，因为雪一停很快就会结成硬块。

5. 雷击

在阴雨天气里，云中的电荷可以形成强大的电流袭击地面。普通的一个闪电可以在瞬间产生上万伏特的电压，人体被雷击后，轻者受伤，重者致残，甚至死亡。

预防措施：首先应根据乱积云变大即将变成雷云或收音机中有刺耳的杂音、忽下大雨滴等现象，预知可能即将发生打雷和雷击。在阴雨天气里，尤其是多雷季节，应该远离山顶、高地；不要在孤立的高树下避雨；有闪电的雨天，在方圆一公里之内，不要使自己成为最高点；在户外，一定不要靠近大型的金属物体；在水边，雨天不要站在岩石上；多雷季节在野外工作，如果有条件最好穿上绝缘鞋；另外，野外实习的人群，不论是运动还是静止的，都应拉开几米的距离，不要挤在一起，也可以躲在较大的山洞里；雷雨期间，不要携带金属物体露天行走，不要打手机。

求生方法：绝缘法，雷击到来时，跳上下面可能是干燥非金属的物体上，并马上低头坐下；团身法，像刺猬一样把身体蜷缩起来，双手抱住小腿，头靠在膝盖上，手脚最好离地，千万不要躺在地上、土炕里；短路法，雷击时，会有些前兆，比如头发竖起、皮肤颤动，类似于受到静电的袭击，此时已无法躲避，唯一的方法就是双手着地并低下头，让电荷从手臂传到地面，避免内脏受损。

急救措施：若人遭雷击，往往会出现“假死”状态，此时应采取紧急抢救。首先，应进行口对口人工呼吸。雷击后进行人工呼吸的时间越早，对伤者的身体恢复越好，因为人大脑缺氧时间超过十几分钟就有生命危险。其次，应对伤者进行心脏按压，并迅速通知医院。如果伤者遭受雷击后引起衣物着火，此时应马上让伤者躺下，使火焰不烧伤面部，并往伤者身上泼水，或者用厚外衣、毯子将伤者裹住。

三、动物灾害

由于野外实习长期在户外，可能会遭遇各种动物灾害，其中比较常见的为水蛭、蝎子、蜜蜂、蚊虫、蛇的伤害。

1. 水蛭（或旱蛭）叮咬

水蛭，体长 30～60mm，宽 4～8mm；腹背扁；体色背黑褐，腹黄褐；整体密生环纹；体前、体后各有一个吸盘，前吸盘中有口，口腔内有三个半圆形的颚片，可以割破皮肤。在吸血的同时，水蛭唾液腺能分泌抗凝血酶和血管扩张素，使伤口流血不止。在河流、湖泊、池塘、水田等水域，可能存在水蛭。涉水时应注意。除了生活在水中的水蛭外，还有陆生旱蛭，常栖息在山林的草丛和灌木中，也会吸血。

预防水蛭的措施：（1）水中活动不可赤脚；（2）经常检查浸水肢体；（3）烟蒂泡水，涂抹身体，干扰水蛭化学感受器。

预防旱蛭的措施：（1）服装没有开放点；（2）穿越林地后，及时检查。（3）用烟蒂、香水等气味干扰其化学感受器。

被水蛭或旱蛭叮咬的处理方法：（1）被叮咬时，不要用手直接拽下。可以用手或其他扁平物拍打，或用烟头、打火机烤；（2）用消毒水、食盐水或清水冲洗伤口，然后用手压法止血 10min 以上，或用绷带加压法包扎。

2. 蝎子蜇刺

蝎子白天隐藏在缝隙、石块或落叶下，夜间活动。蝎子尾端有一个发达的尾刺，具有毒腺，能分泌神经性毒素。人被蝎子蜇刺后，疼痛难忍，伴随局部或全身中毒。若多处被蝎子蜇刺，甚至有性命之忧。

预防措施：（1）不要赤手在缝隙、石块下摸索；（2）放在营地地面的服装、鞋帽，要检查后再穿；（3）若居住帐篷，帐篷离地面较近处的拉链要拉好；（4）晚间半睡半醒时，感觉有东西往自己身上爬，千万不要用手去捉，要慢慢调整身体，在弄清是什么东西后，一下子迅速抖掉，或静止不动，任其自己爬走。

中毒症状：（1）伤口剧痛，局部红肿、水泡、血泡、组织坏死；（2）2 小时左右，可发生烦躁、出汗、流口水、气喘、恶心甚至呕吐现象；（3）多处被蜇刺者，可能出现呼吸困难、昏迷，严重者可能因为呼吸麻痹而死亡。

被蜇刺后处理方法：（1）立即拔出毒刺，用肥皂水清洗伤口；（2）结扎肢体，防止毒素扩散；（3）将季德胜蛇药片碾碎后，和水涂抹患处。

3. 蜂类蜇刺

蜂类蜇刺是在山区进行野外实习经常遭遇的伤害。

预防措施：（1）绝对不捅马蜂窝。蜂类在没有受到攻击的时候是不会主动攻击的，因为蜂类蜇刺以后往往就意味着它们自身的死亡。（2）远离蜂巢。蜂类对自己的蜂巢十分珍惜，会誓死捍卫。如果在蜂巢附近随意晃动筑巢的树枝，很可能会遭到蜂群的报复。（3）野外调查时如遇见单飞的蜂类在周围盘旋，表示你已接近它的警戒范围，绝不要挥赶或骚扰它，也不要距离很近观察，要尽快离开，以免它发出讯息招来群蜂攻击。（4）一旦被蜂群攻击，千万不要去扑打，那样会引来更猛烈的攻击。可以用厚衣服蒙住外露皮肤，蹲伏不动。（5）蜂类比较害怕火和浓烟，被攻击时可用火、烟驱赶。被攻击时可马上找一把干草，迅速点燃，原地转圈，并不断添加手中的柴草。（6）建立营地时，先观察周围是否有蜂类出没，如果有，要分析是因为在采蜜还是附近有蜂巢。应远离蜂巢扎营。（7）如果衣着鲜艳，可能会有蜂类在身边飞舞或落在身上。千万不要扑打它们，站立不动，它们不久就会离开，不用紧张害怕。

蜇刺症状：（1）局部红肿、发热、剧痛，5～7 天后逐渐消退。（2）严重者出现头晕、眼花、气喘等症状。（3）多处、大面积蜇刺可引起过敏性休克，并导致死亡。

被蜇刺后处理方法：（1）千万不要挤压，以免毒液扩散。（2）认真检查，看是否有蜇刺留在皮肤内。如果有，应及时用小刀或针挑出。伤口流血可等其自然止血。（3）最好能够判断是被什么蜂蜇刺的，因为大多数蜜蜂的蜂毒是酸性的，要用肥皂水清洗伤口；而部分蜂毒（如马蜂毒）属碱性，不要用肥皂水去清洗，可以用酸性液体（如食醋）冲洗。（4）严重时应及时就医。

4. 蚊虫叮咬

蚊虫叮咬在人们眼里似乎不算什么伤害。但是野外蚊虫还是必须要防范的。因为野外的蚊虫不仅影响人们的休息，还会传播疾病，如疟疾、黄热病等。

预防措施：（1）在没有任何防护条件时，可用泥浆涂抹身体裸露部分防止蚊虫叮咬。（2）在室内，应点蚊香驱赶蚊虫。（3）外出时，应在裸露部位喷洒驱蚊花露水。（4）进入草丛前，尽量少暴露体表。

蚊虫叮咬处理方法：（1）蚊虫唾液腺为酸性，可用肥皂水等碱性液体涂抹叮咬处。（2）涂抹蚊虫叮咬药水。

5. 蛇咬伤

夏季在植被茂盛的地区野外实习时，要特别注意预防蛇咬伤。

1）预防措施

（1）涂抹风油精。（2）蛇是变温动物，气温达到 18℃以上才出来活动。在比较凉的季节和早晨，蛇类要依靠太阳提高体温，所以，在这种情况下它们会选择较高树上或草丛开阔处。蛇类耐饥饿，但不耐干渴，所以毒蛇一般喜欢栖息在离水源不远的草丛中。在闷热雨或雨后初晴时蛇经常出洞活动，所以雨前、雨后、洪水过后的时间内要特别注意防蛇。（3）蛇类对静止的东西不敏感，喜欢攻击活动物体。如果不幸与蛇相遇，不要突然移动，保持镇静，原地不动。若被蛇追逐时，应向山坡跑，或忽左忽右地转弯跑，切勿直跑或直向下坡跑。在毒蛇比较多的区域，走路要小心，不要踩到蛇。（4）蛇类咬人以膝盖以下为主，翻动石块和草丛时则容易被咬到手。所以，在毒蛇比较多的区域活动，要穿上比较厚的鞋，并打上裹腿，这样即使被咬到，也可减少伤害。徒手工作时也要格外小心。（5）如果迫不得已要杀死毒蛇，可取一根长棒，要具有良好的弹性，快速劈向其后脑。（6）对于蟒蛇，主要是防止被它缠绕。一般情况下，人类不过分接近蟒蛇是不会被伤害的。（7）避免在蛇鼠洞多、乱石堆或灌木从中扎营。营地周围的杂草应铲除干净，另外，一条较深的排水沟也能较好地防止蛇虫的入侵。在营地周围撒上草木灰或水浸湿了的烟叶。（8）在使用包裹前要小心查看一遍，蛇类很可能就躲在下面。露营时应将帐篷拉链完全合上。睡前检查床铺，压好帐篷，早晨起来检查鞋子。万一发现蛇，可迅速退后，保持一定距离。（9）若打地铺，可用树枝、树叶或细竹垫铺，尽量不要用杂草。临睡前要先在地上敲打，清除爬上的昆虫。醒来时，应首先仔细查看身体周围，否则附近若有蛇或昆虫会被突然的活动惊动。（10）注意保持营地的清洁，所有垃圾必须及时掩埋。因为只要有星点的油脂，就有可能把蚂蚁引来，蚂蚁又会将蜥蜴引来，而蜥蜴又会把蛇引来。注意不要用火烧鱼骨头，这种气味也会把蛇引来。

此外，刚孵化的小毒蛇，可能比大蛇更毒；个头小的毒蛇，毒性不一定小；被打伤的毒蛇，会更凶猛；部分蛇毒发作，得几个小时后，所以被某些毒蛇咬后可能不会立即感到剧痛；很多野生毒蛇爬行敏捷；遇毒蛇时，保持身体不动，或可避免毒蛇攻击；毒蛇的头一般呈三角形或心形。但是单凭头部是否呈三角形或者尾巴是否粗短，或者颜色是否鲜艳来区分毒蛇，这是不够全面的。大多数毒蛇的颜色并不鲜艳。

2）毒蛇咬伤的中毒症状

（1）普遍症状一般表现为局部充血、水肿，时间变长伤口逐渐变黑、伤口肿胀，附近淋巴结肿大。（2）如果是被神经毒液的毒蛇咬伤，一般表现为伤口无红肿迹象，稍感疼痛，主要反映为麻木，但很快就出现头晕、发汗、胸闷、视觉模糊、低血压、昏迷，最后因呼吸麻痹而死亡。（3）被血液毒素的毒蛇咬伤，一般表现为伤口剧烈疼痛，有灼烧感，并伴有局部肿胀、水泡、发热、流鼻血、尿血、吐血等症状，最后休克、循环衰竭导致死亡。（4）如果是混合毒液的毒蛇咬伤，上述两方面的症状都可能出现，之后注意力多会下降。

四、其他灾害

1. 火灾

1）预防措施

在林区严禁吸烟。切勿丢弃未熄灭的烟头或烟斗灰烬；野外生火要有专人负责，在背风的地方，不能靠近干枯的草丛和灌木丛；火源周围直径两米的范围内，不能有易燃物；离开营地时，做到人走火熄；在有易燃物品的地点工作、活动，应该预备灭火设备；在高楼办公，个人应该配备逃生用的面罩；学会使用灭火器等消防器材。

2）避险方法

遇到火灾时，如果只是衣服着火，可以马上脱下衣服拍打，如果一时不方便脱下，可就地打滚将火压灭。如果是被火围困，即使衣服着火，也不要脱下衣服。衣服可以保护身体不被烧伤。遇有浓烟、一氧化碳、有毒气体时，应避免烟呛。可用湿手巾捂住口鼻，并尽量使自己贴近地面。因为烟比空气轻，在距离地面 10～20cm 的空间会有些空气。合理利用隔绝层，如棉被、苫布、麻布等，这些东西虽然能够燃烧，但却可以临时阻挡火焰和热辐射。逃生时如果需要在火中通过，披上类似的物品可以降低受伤的程度，有条件时可将衣服弄湿再穿越大火；如果被火包围又无法逃脱，而附近的草丛很快可以燃烧完，主动躲在烧出的空地上是最有效的逃生方法。

2. 洪水

水灾通常发生在河谷以及低洼地带。如果在这些地区作业时遇到暴风雨，需要格外小心。

1）预防措施

在野外宿营时，应了解当地的天气预报，选好位置；雨季不要在干涸的河床上宿营。预料到洪水来了，最简单的方法就是往高处跑，没有高点或者来不及跑向高点，应该马上寻找漂浮物。如果没有现成的漂浮物，可以用扎起裤脚的裤子，两个裤腿充满气会有不小的浮力。但要注意，充气前裤子一定要是湿的，并应不断用嘴通过纤维向里面吹气。

2）求生方法

在洪水到来时，如果是在坚固的建筑物里，可以携带上必要的求生必需品，爬到建筑物上面；合理利用固着点，如树、石、桩、建筑物等；如果被淹没在水中，应向上爬，保持头部露出水面；利用间歇呼吸法，沉下去前，先深深吸气，再马上主动钻进水里，吸足气的人会有一定的浮力；如果是处在有浪、旋涡的区域，千万不要惊慌；在水面上深吸一口气后，就向水底扎去，水底巨大的翻腾力量会把人掀到很远的地方，并举上水面；无论是否会游泳，先下后上的原则都适用，即使不在急流区域，在不需要呼吸的时候，将头放在水里都是节省体力的好方法。记住：身体在水里比例越大，浮力也越大。

3）注意事项

在水里换气时，要用口吸气，用鼻孔出气；有电线落入的水坑不可接触，若必须接触，则应用干的木棒挑出电线，并使线头架空；在水上漂浮时，遇到急流中的突出物一定要避开，以免受伤。

3. 流石

在野外活动中，由于风力、蹬踏、震动而出现石块的流动是很常见的。因此而受伤的情况也有很多，因此一定要引起重视。

产生原因：山顶的岩石风化、开裂、松动，即使是在没有风的天气里，局部的气流也会使松动的岩石随机脱落，并越滚越快，最后以很大的动能砸向地面。群山之间有共鸣，有时不太大的震动也会引起松动的石头下落。人们在登山活动中，几乎总有石头被蹬下去。

预防措施：在有流石的地方，一定要戴好头盔。有风化岩石的地方不宜进行登山活动。在可能有石块落下的崖下通过，要抬头张望，及时躲避。事实上，及时发现飞石还是能够躲开的。

4. 猛兽

野外实习过程中也有可能会遇到猛兽，这时不要慌张，如果距离猛兽很远，可以迅速撤离到安全地区躲藏；如果猛兽较近但未发现你，可躲藏起来，等它自行离去。

如果被猛兽发现并且被追赶，不要慌张，借助沟坎、高地等掩体或障碍物，躲避它们的追击。逃避时，应注意不要摔倒。摔伤是次要的，因摔倒受伤而被猛兽抓住则是致命的。

第五节　野外求救

野外实习常在山区、戈壁、高原等地区进行，由于地形复杂、气候多变，各种灾难可能会不期而至。野外实习中，若通信条件差，或突然遭遇雾天、大风、雨雪等恶劣天气，极易迷失方向，造成认路迷路失踪，这就意味着，在进行野外实习时，野外实习者必须要掌握一些野外求生知识，以帮助自己了解当下所面临的困境，并摆脱困境的方法。当自己没有能力独自脱险时，求救于他人就是唯一的出路。那么，当手机等通信设备都无法使用时，该如何发送信号与他人取得联系？总体而言，根据自身的情况和周围的环境条件，可以发出不同的求救信号。一般情况下，重复三次的行动都象征寻求援助，下面详细阐述操作方法。

一、燃放烟火

在古代，燃放烟火（烽火、狼烟等）就是军事作战发送信号的方法之一，这种方法在野外活动中也很有用。

在燃放烟火时，需要注意以下几个方面：

（1）燃料：光作为联络信号是非常有效的，遇险时可根据自身的情况找到燃料生火。火堆的燃料要易于燃烧，点燃后要能快速燃烧。白桦树皮就是十分理想的燃料。

（2）助燃物：若是条件允许，利用助燃物生火肯定会事半功倍。汽油、食用油、酒精等都是不错的助燃剂，但是不可将其直接倾倒于火堆上。以汽油为例，应该用一些布料做灯芯带，在汽油中浸泡，然后放在燃料堆上，将汽油罐移至安全地点后再点燃。点燃之后如果火势不佳将熄灭，则添加汽油前要确保添加在没有火花或余烬的燃料中。

（3）火堆的求救标志：燃放三堆火焰是国际通行的求救信号，将火堆摆成三角形，每堆之间的间隔相等最为理想，这样安排也方便点燃（图 3–12）。如果燃料稀缺或者自己伤势严重，或者由于饥饿，过度虚弱，凑不够三堆火焰，那么因陋就简点燃一堆也行。

图 3–12　求救火堆

（4）白天放烟：烟雾是良好的定位器，所以火堆上要添加散发烟雾的材料。浓烟升空后与周围环境形成强烈对比，易受人注意。这样，可以在火堆上放些绿草、苔藓、青嫩树枝等使之产生浓烟。潮湿的草席、坐垫可熏烧很长时间，同时飞虫也难以逼近伤人。黑色烟雾在雪地或沙漠中最醒目，橡胶和汽油可产生黑烟。

此外，如果受到气候条件限制，烟雾只能近地表飘动，可以加大火势，这样暖气流上升势头更猛，会携带烟雾到相当的高度。

（5）晚上放火：晚上宜燃旺火。跟白天放烟一样，连续点燃三堆火，中间距离最好相等。使用干柴等易燃的燃料，使火烧旺，使火升高。

（6）抓准时机：你不可能让所有的信号火种整天燃烧，但应随时准备妥当，使燃料保持干燥，一旦有任何飞机路过，就尽快点燃求助。

二、做图案信号

做图案信号在野外生存中也经常应用到：在《海尔兄弟》中，为了智斗海盗，海尔兄弟通过在游轮甲板上画了“SOS”的求救信号，最终获得救援。在野外生存中，如果迷路，也可采取在空旷的地面上利用各种物体摆设或画出各种求救信号，请求外界的支援。

在比较开阔的地面，如草地、海滩、雪地上可以制作地面标志。如将青草割成一定标志图案，或在雪地上踩出求救标志，也可用树枝、海草等拼成标志信号，与空中取得联络。还可以使用国际民航统一规定的地空联络符号。记住这几个单词：SOS（求救）（图 3-13）、SEND（送出）、DOCTOR（医生）、HELP（求助）（图 3-14）、INJURY（受伤）、LOST（迷失）、WATER（水）。

图 3-13　SOS 求救信号

图 3-14　HELP 信号

三、体示求救

当搜索飞机较近时，双手大幅度挥舞与周围环境颜色反差较大的衣物，表达遇险的意思（图 3-15）。

图 3-15　体式求救

四、旗语求救

一面旗子或一块色泽鲜艳的布料系在木棒上，持棒运动时，在左侧长划，右侧短划，加大动作的幅度，做“8”字形运动（图 3–16）。如果双方距离较近，不必做“8”字形运动。一个简单的划行动作就可以，在左侧长划一次，在右边短划一次，前者应比后者用时稍长。

图 3–16　旗语求救

五、声音求救

如隔得较近、可大声呼喊，三声短三声长，再三声短，间隔 1min 之后再重复。如隔得较远，可大声呼喊或用木棒敲打树干，有救生哨作用会更明显，三声短三声长，再三声短，间隔 1min 之后再重复。

六、制造反光信号

利用阳光和一个反射镜即可射出信号光（图 3–17）。任何明亮的材料都可加以利用，如罐头盒盖、玻璃、一片金属铂片、眼镜、回光仪等，有面镜子当然更加理想。持续的反射将规律性地产生一条长线和一个圆点，这是摩尔斯代码的一种。即使你不懂摩尔斯代码，随意反照，也可能引人注目。

图 3–17　反光信号

即使距离相当遥远也能察觉到一条反射光线信号，甚至你并不知晓欲联络目标的位置，所以值得多多试探。注意环视天空，如果有飞机靠近，就快速反射出信号光。这种光线或许会使营救人员目眩，所以一旦确定自己已被发现，应立刻停止。

七、放风筝

如果条件允许，可利用藤条与衣物、包装纸、塑料袋等制作成风筝模型，在风筝上写上求救信号或在藤条中间注明求救，放飞到空中，容易引起远处及巡逻飞机等的注意。

八、留下路标信号

当离开危险地时，要留下一些信号物，以备让救援人员发现（图 3–18）。地面信号物使营救者能了解你的位置或者过去的位置，方向指示标有助于他们寻找你的行动路径。一路上要不断留下指示标，这样做不仅可以让救援人员追寻而至，在自己希望返回时，也不致于迷路——如果迷失了方向，它就可以成为一个向导。

图 3–18　路标信号

方向指示器包括：

（1）将岩石或碎石片摆成箭形；

（2）将棍棒支撑在树杈间，顶部指着行动的方向；

（3）在卷草中的中上部系上结，使其顶端弯曲，指示行动方向；

（4）在地上放置一根分杈的树枝，用分叉点指向行动方向；

（5）用小石块垒成一个大石堆，在边上再放一小石块指向行动方向；

（6）用一个深刻于树干的箭头形凹槽表示行动方向；

（7）两根交叉的木棒或石头意味着此路不通；

（8）用三块岩石、木棒或灌木丛传达的信号含义明显，表示危险或紧急。

第四章

医疗救护知识

第一节 野外常见疾病的救护

一、止血法

野外实习过程中，实习人员可能因各种原因导致出血，如摔倒过程中各种磕碰导致的出血等。因此需要及时止血，方法如下：

（1）直接加压法，直接在伤口或伤口周围施以压力而止血。

（2）升高止血法，将伤肢或受伤部位高举，使其超过心脏高度（图 4–1）。

图 4–1 升高止血法

（3）止血点止血法，直接施压于伤口近端的动脉上。

（4）强屈患肢止血法，只可使用于肘关节或膝关节以下的肢体，将棉垫置于肘窝或膝窝，再强屈其关节，并以绷带紧缚之，每 20min 要放松 15s，并记录最后一次放松时间。

（5）止血带止血法，因为此法有引起末梢神经麻痹和血流障碍甚至肢体坏死的危险，如能用其他方法止血，就不要用此法止血。用止血带止血的过程中应注意：

① 止血带系于伤口上端，不可过紧，也不可过松。

② 止血带不可直接缠绕于皮肤，其间应垫以布片或棉花，并置一卷垫物于动脉位置上，以加强效果；缠绕时，不容有皮肤皱折摺存在。

③ 每隔 15～20min 要放松 15s。放松时应在伤口上用敷料压迫止血，凡经 15s 不复出血时，可将止血带放松置于原位，以备不虞。

④ 伤者额头上注以“T”明显标记，止血带的伤票上要填明止血带使用时间，以使他人随时注意。

⑤ 暴露止血带，不可以任何物体覆盖或包扎，以免其他的救护者忽略止血带的存在。

⑥ 嘱咐护送者，遇有医护人员时应告知有止血带。

二、骨折急救处理

野外实习过程中，实习人员可能由于摔倒而导致不同程度的骨折。发生骨折时的症状主要包括：由于软组织受伤所致的出血、水肿等；由于骨头断裂所产生的移位，如变短、成角度。此时应及时处理，避免继续实习造成的骨折加剧，造成更大的伤害。处理方法如下：

（1）选用适当木制品来固定，用夹板固定患处附近及两端关节，以保持骨折部位及两端关节不动，夹板必须超出两端关节，无夹板时，以硬板、竹板或折叠的报纸代替（图 4–2）。

（2）止痛：用止痛药物（如吗啡或杜冷丁）进行肌内注射（头部受伤及呼吸困难者禁用），且送医时要告知用多少剂量。

（3）若为开放性骨折，应优先处理伤口，止血后再固定。

（4）露出肢体末端，便于观察血液循环。

（5）保暖并预防休克的可能。

图 4–2　骨折救护

（6）若无法判定是扭伤、脱臼或骨折，应以骨折方法固定。

（7）患部可用冰敷以减轻疼痛，并尽快送医。

三、毒蛇咬伤处理

野外实习，特别是夏季进行的野外实习，在草木丰茂和杂石较多的地方，毒蛇最易出现。毒蛇的毒素一般包括三种：第一种是神经毒，以侵犯神经系统为主，局部反应较少，会造成脉弱、流汗、恶心、呕吐、视觉模糊、昏迷等全身症状；第二种是血液毒，以侵犯血液系统为主，局部反应快而强烈，一般在被咬之后十分钟内，局部开始出现剧痛、肿胀、发黑、出血等现象，时间较久之后，还可能出现水泡、脓包、全身会有皮下出血、血尿、咳血、流鼻血、发烧等症状；第三种是混合毒，被该类蛇毒侵入，会同时兼具上述两种症状。

1. 预防及处理

1）预防

在野外实习过程中，要避免遭遇毒蛇，因此，应做好以下预防：

（1）进入有蛇区应着厚靴及厚帆布绑腿。

（2）夜行应持手电筒照明，并持竹竿在前方左右拨草将蛇赶走。

（3）野外露营时应将附近的长草、泥洞、石穴清除，以防蛇类躲藏。

（4）平时应熟悉各种蛇类的特征及毒蛇咬伤急救法。

2）处理

若不慎被蛇咬伤，一定要及时进行处理，处理流程如图 4–3 所示。

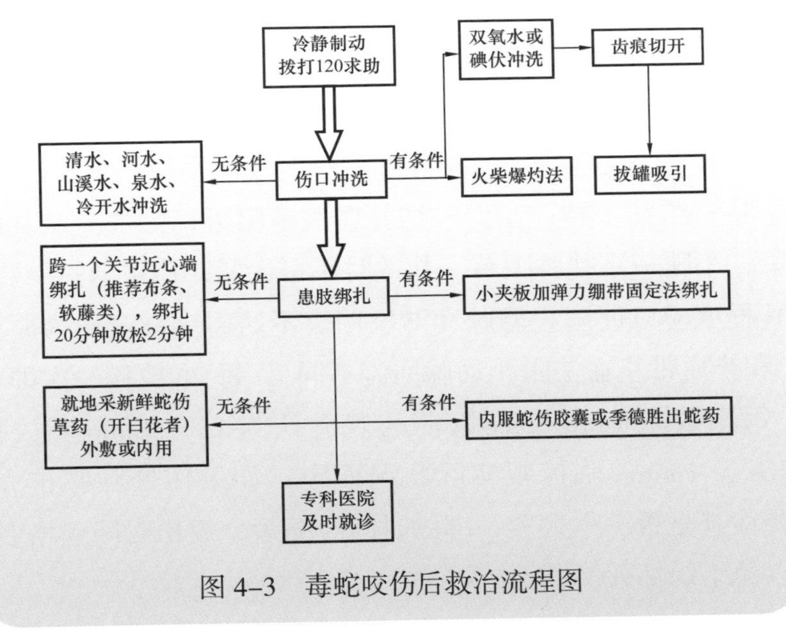

图 4–3　毒蛇咬伤后救治流程图

判断：被咬后，首先要确定是否为毒蛇咬伤。被毒蛇咬的伤口，一般会出现上下各一对粗且深的牙痕，且伤口表面会溃烂、红肿、起泡；无毒蛇咬的伤口，有四行或二行锯齿状浅表而细小的牙痕。在多数情况下伤口可能模糊不清，在分不清是有毒蛇还是无毒蛇咬伤的情况下，应按毒蛇咬伤处理，马上让受伤者安静下来。保持冷静，千万不可以紧张乱跑奔走求救，因为过多的活动会导致毒液迅速扩散。尽可能辨识咬人的蛇有何特征，不可让伤者使用酒、浓茶、咖啡等兴奋性饮料。

立即缚扎：将伤肢置于低的位置，争取在被咬 2～3min 内用橡皮带或鞋带、草绳、布条、藤类等，在伤口上方进行结扎。用止血带缚扎伤口近心端上 5～10cm 处，如无止血带可用毛巾、手帕或撕下的布条代替。被咬部位多为手、脚、小腿等部位，结扎部位一般为：手指→结扎指根；手掌→结扎手腕；小臂→结扎肘关节附近；足部→结扎脚踝；小腿→结扎膝关节。扎敷时不可太紧，应可通过一指，其程度应以能阻止静脉和淋巴回流不妨碍动脉流通为原则（和止血带止血法阻止动脉回流不同），每 2h 放松一次即可（每次放松 1min），而以前的观念认为 15～30min 要放松 30s 至 1min。临床视实际状况而定，如果伤处肿胀扩大，要检查是否绑得太紧，绑的时间应缩短，放松时间应增多，以免组织坏死。

冲洗切开伤口：在将伤口切开之前必须先以生理食盐水、蒸馏水清洗，必要时也可用清水清洗伤口，任凭血液外流，边冲洗边从伤肢的近心端向伤口方向及周围反复轻柔挤压，促使毒液从伤口排出体外。周围实在没有水冲掉毒液的，紧急时可用人尿代替，但不可用酒精或酒冲洗伤口。用嘴吮吸排出毒液容易使吮吸者中毒，尤其是口腔中有溃疡面或牙根有破损者更是十分危险。

立即送医：除非确定是无毒蛇咬伤，否则应视作毒蛇咬伤，并送至有血清的医疗单位（山区卫生所或县医院）接受进一步治疗。

2. 野外常见毒蛇

1）蝮蛇

蝮蛇又名地扁蛇、土虺蛇、灰链鞭、烂肚蛇、七寸子、麻七寸等。头呈三角形，有颊窝，吻鳞明显，鼻间鳞宽，外侧缘尖细，背鳞明显，全长约 60～70cm。背面灰褐色，头背有一深色八字形斑，额部有一镶黑色边的细白眉纹，躯干背面斑纹较大，一般有 2 行深褐色圆斑，左右交错排列。有的蝮蛇身上有深浅相同的横斑，或有分散不规则的斑点。体侧有一列棕色斑点，腹面灰白或灰褐色，有黑斑（图 4–4）。

图 4–4　蝮蛇

蝮蛇分布很广，我国东南沿海水网地区、东北平原、黄土高原、秦岭山地，新疆及内蒙古的草原，到处都有它的踪迹，平原、丘陵、山区等各种环境都可以生存。常栖息于坟堆、草丛、乱石堆及田野上，多盘曲成团。属于北方类型的蝮蛇，耐寒性强。蝮蛇的毒液具混合毒。

2）眼镜蛇

眼镜蛇是一种毒性强、危害大的毒蛇。它的头颈背部有一对白色黑心的斑纹，很像人戴的眼镜，因此称为眼镜蛇（图 4–5）。一般动物的肋骨都在胸部，可是眼镜蛇的肋骨却在颈部，而且可以活动。它被激怒时，会竖起前半身，左右晃动，同时扩张颈部的肋骨，变得又扁又平，远远望去，如同戴着眼镜的一张脸。这是它迷惑敌人的伎俩，使对方只注意它膨大的颈部，而忽视了它的头部和毒牙。

图 4–5　眼镜蛇

眼镜蛇体型较大，最长的可达 2m，一般也有 1～1.5m 左右。眼镜蛇是非常残忍的毒蛇，在饥饿时，甚至会吞食同类。眼镜蛇能在发出“呼、呼”声中，把毒液喷射出去，一下子就击中对手的脸和眼睛。生物学家认为，这也许是因为它们能感觉到动物或人脸的温度。眼镜蛇体型比眼镜王蛇小，毒性也较眼镜王蛇弱一些，但仍然是致死性很高的毒蛇。它主要分布在两广、海南、云南、贵州、福建、台湾和四川的金沙江河谷地带。

眼镜蛇的毒液为混合型毒素，早期症状包括眼睑下垂、复视、吞咽困难、晕眩、面瘫、呕吐，继而逐渐出现呼吸肌麻痹。

3）眼镜王蛇

眼镜王蛇又名过山风、山万蛇、大眼镜蛇、过山乌、大扁颈蛇等。其头部呈椭圆形，颈部能膨扁，前半身可竖立，所以有许多方面与眼镜蛇相似，但与眼镜蛇也有明显区别：眼镜王蛇躯体较大，全长一般在 2～3m，最长可达 6m；颈背没有白色眼镜样斑纹、颈腹面也没有黑色点斑及横带；但体背黑褐色或黄褐色具有白色镶黑边的横纹约 40～50 个，在头背顶鳞之后多了一对大形的枕鳞。在受惊时，眼镜王蛇与眼镜蛇一样能竖起前身扁起的膨颈，发出“呼、呼”声，并向前方攻击（图 4–6）。

眼镜王蛇发怒时，也会竖起前半身，但是它不会喷射毒液。这种蛇行动迅速，在草地上爬行疾走如飞，嗖嗖作

图 4-6 眼镜王蛇

响，有人称之为“过山风”。它生性凶猛，碰上人或动物会主动攻击，被攻击对象很难逃脱。它通常栖息在草地、空旷坡地及树林里。

4）金环蛇

金环蛇活动在湿热地带的平原、丘陵、山地的森林中，也活动在近水域的水塘边、溪流边、山坡岩洞内和住宅附近，为夜行性蛇类。它黄昏后出洞捕食其他蛇类，偶尔也吃蛇卵、鱼、蛙、鼠类等。白天多不活动，常盘蜷着身体把头藏在身下。幼蛇较凶猛、活跃。卵生，每次产 8～12 枚，多产于落叶堆或洞穴内，雌蛇有护卵的习性。

金环蛇身体较粗大，一般长 1～1.6m。头椭圆形，略大于颈部，头背黑色，有八字形纹斜过头侧。头尾部有黑黄相间的宽环纹缠绕周身，黑环与黄环几乎等宽。背脊有头着隆起，背正中一行鳞片扩大呈六角形。尾较短，末端钝圆（图 4-7）。

图 4–7 金环蛇

金环蛇体型中等，颜色较其他毒蛇鲜艳些。头戴黑帽子，全身是黑黄相间的花纹，头部不是呈明显的三角形，是椭圆形，只是比颈部稍大一些。金环蛇生活在平原或山地的丛林中的小溪和水塘边，它在黄昏时分出洞活动。爱吃鱼、蛙、蜥蜴和其他蛇。平常不主动袭击人，受惊后会盘曲起来，把头藏在身体下面，像鸵鸟一样。但若金环蛇被过分激怒，则必凶猛地施以快速的攻击。

5）银环蛇

银环蛇身体背面为黑白两色相间的斑纹，黑色斑纹较白色纹宽。其头部为椭圆形，与一般毒蛇三角形的头部大不相同。银环蛇的重要特征之一是背上最中央一列鳞片较附近的鳞片为大，且呈六角形（图 4–8）。

银环蛇分布于低海拔的山区和平地，常在矮树林、竹林、草原、农田、菜园、溪流及住家附近等环境活动，尤

图 4-8 银环蛇

其喜好靠近水边的环境。大都在地面活动，不太会爬树。银环蛇怕见光线，白天往往盘着身体不动，把头藏于腹下，到晚上较为活跃。行动缓慢，性情在毒蛇之中尚算温和，遇到攻击时常缩作一圈。除非受伤或遭到极为严重的威胁与干扰，否则银环蛇很少主动攻击人。

银环蛇体型比金环蛇稍小一些；不同的是全身是黑白相间的环形花纹。而且银环蛇是毒蛇中的化妆师，身体颜色变化多端；多数时候穿着黑白相间的“海魂衫”，但有时白色变成黄色，像它的“堂兄弟”金环蛇，有时前半身的黑白条子变成网状，后半身出现虎斑，有时又几乎全是黑色。银环蛇生活在平原、丘陵和山脚近水的地方。银环蛇常夜间活动觅食，吃饱后常停在路上休息，直到深夜或黎明才回洞。银环蛇常群居冬眠。夜行人若不注意，常会被银环蛇咬伤。

四、昆虫叮咬或蜇伤

野外实习中户外昆虫较多，特别是夏季在草丛、树林的地方，昆虫更多，因此首先要预防被昆虫叮咬或蜇伤。

预防的方法：穿戴浅色、防护性衣物，如长裤、长袖上衣、长筒袜子等，同时要扎紧裤脚、袖口和领口，颈部围上白毛巾。若有人误惹了蜂群，而招致攻击，可用衣物保护好自己的头颈，反方向逃跑或原地趴下；千万不要试图反击，否则会招致更大的攻击。

若被叮咬或蜇伤，处理方法有：

（1）如果手部被叮咬，应立刻将戒指从手指上取下。

（2）若被昆虫叮咬，应立即小心拔掉毒刺，也可以用手指甲或者硬卡片这样的硬边物体轻轻刮出毒刺，切勿强行拔出和压碎虫体，以免病原体经皮肤深入体内。

（3）先用冰或凉水冷敷伤口后，再在伤口处涂抹氨水。如果被蜜蜂蜇了，应用镊子等将刺拔出后，再涂抹氨水或牛奶。

五、鼻出血不止的处理

鼻出血也称鼻衄，是日常生活中常见的问题，其引发原因为：

（1）面部、鼻外伤或用手抠鼻孔，使鼻腔内的血管破裂；

（2）鼻腔异物或鼻腔的急慢性炎症，鼻黏膜破裂出血；

（3）急性传染病（如流感、猩红热等），血液病也常表现为鼻出血；

（4）维生素 C、维生素 K 缺乏症；

（5）高烧、空气干燥、鼻黏膜充血，触碰鼻子也易出血；

（6）高血压病人常因咳嗽、打喷嚏使血压急剧增高诱发鼻出血。

出现鼻出血不止情况的时候，仰头、平躺、简单用纸团或棉团塞住鼻孔都是错误的做法，应采取以下方式止血。

压迫止血法：大多数鼻出血的部位为鼻中隔前下方，这时紧贴鼻骨的边缘，用食指向鼻中隔的方向压迫止血就可以了。哪一侧出血就压迫哪一边，另外一边可留出来保持呼吸顺畅。如果双侧出血就用双指捏紧鼻翼（紧挨鼻骨下端软的部分）。多数情况下，10～15min 足以起到止血的效果。在进行简单压迫时，可以使出血者端坐，身体稍前倾，以使流入口腔和下咽部的血液量最小（图 4–9）。流入口咽部的血液应该避免误吞或误吸，及时吐出。

冷敷止血法：在鼻梁处或颈部两侧大血管处放上冷水浸湿的毛巾做冷敷，以止血或减少出血。

药物止血法：可用麻黄素液、肾上腺素液滴鼻，但高血压患者除外。止血后尽量不要咳嗽、打喷嚏，也不要擤鼻涕、做剧烈活动，以免再出血。若经上述方法不能止血时，应速送医院救治。

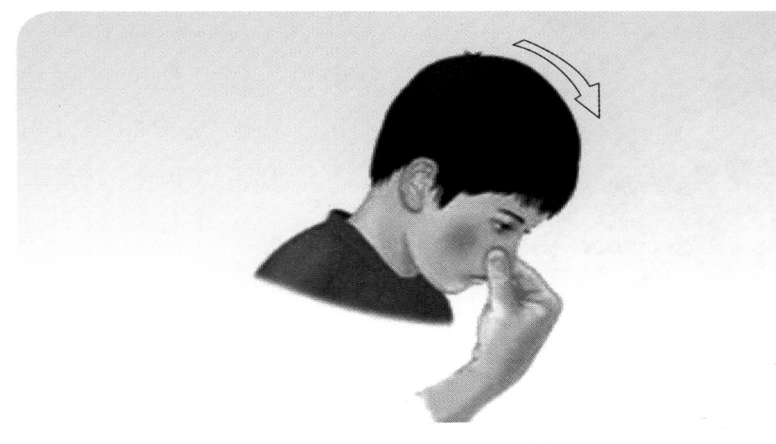

图 4–9　鼻出血处理

六、食物中毒

食物中毒一般分为五种类型，分别是细菌性食物中毒、化学性食物中毒、有毒动物中毒、有毒植物中毒、真菌霉素食物中毒。在实习过程中的食物中毒主要体现在两个方面，一是野外乱摘植物食用，二是食用变质食物。

1. 野外乱摘植物食用

野外实习过程中，同学们会遇到各种各样的植物，有的可以食用，但大部分植物我们并不了解其食用性，如果误摘误食将可能导致食物中毒，甚至有些植物触摸就能引起伤害。野外经常见到的有毒植物有：

1）龙葵

龙葵在我国各地都有分布，生于路边，田野，荒

图 4–10　龙葵

地，上坡等。其果实呈类球形，黑褐色、橙红色或黄绿色（图 4–10）。误食龙葵而中毒可引起头痛、腹痛、呕吐、腹泻、瞳孔散大、心跳先快后慢、精神错乱甚至昏迷。

2）商陆

商陆在大部分地区有分布，多生于疏林下、林缘、路旁、山沟等湿润的地方。果实呈暗紫色（图 4–11）。商陆全株有毒，根部和果实最毒。人畜若误食，约两小时后就可能出现严重呕吐或者干呕，从嘴到胃均有灼热感，伴随腹部抽搐、腹泻和视觉模糊、昏昏欲睡、出汗等症状。大量误食时，甚至会引起痉挛和呼吸障碍。

图 4–11　商陆

3）南天竹

南天竹果实呈红色（图 4–12），全株有毒，中毒症状为兴奋、脉搏先快后慢且不规则、血压下降、肌肉痉挛、

图 4–12　南天竹

呼吸麻痹、昏迷等。

4）牵牛花

图 4–13　牵牛花

牵牛花在我国大部分地区常见（图 4–13）。其茎、叶、花都含有毒性，尤其是种子的毒性最强。服用过量会引起呕吐、腹泻、腹痛与血便、血尿的情形。

5）毒芹菜

图 4–14　毒芹菜

毒芹菜在我国大部分地区均有分布。毒芹菜与野芹菜很容易搞混淆（图 4–14），其毒素有剧毒，以根茎最毒。晚秋和早春期间毒性更大，在我国东北牧区；早春常发生毒芹菜中毒，造成牲畜死亡。毒芹菜中毒的人和动物的症状基本相同，包括恶心、扩瞳、昏迷、痉挛。

6）野漆树

图 4–15　野漆树

野漆树在野外很常见（图 4–15）。叶子和茎的汁液含有漆酚。过敏体质者皮肤与之接触可引起红肿，出现红疹，瘙痒等症状，误食会引起强烈刺激，引起口腔炎、呕吐、腹泻，严重者可以导致中毒性肾病。

2. 食用变质食物

在实习过程中，要注意选购安全食品，不要食用变质食物。首先正确选择食品的购买场所，最好到具有经营资格、信誉好、讲诚信的商场、超市购买，不要到没有食品卫生许可证或营业执照的商店和流动摊贩处购买食品。购买盒装食品时，应注意食品包装标识是否齐全，按照国家有关规定，食品外包装上必须标明商品名称、配料表、净含量、厂名、厂址、电话、生产日期、保质期、产品标准号等内容；还应该注意查看食品的生产日期或失效日期。

若发生食物中毒，一定要注意及时解毒，可以多喝点绿豆汤等，这一汤饮有极好的解毒效果。在饮食上要注意以清淡为主，不要吃过于荤腥的食物，尤其是高脂肪、辛辣、油炸的食物。烟、酒、茶等也要注意，咖啡等最好不喝。也可采取催吐的方法将食物吐出来。

食物中毒的症状可大可小，病情也难以确定，所以我们在生活中要注意预防。一些食物不能同时食用，肠胃不好的人吃饭时也要注意，平时饮食也一定要注意卫生。

七、水灾及溺水

野外实习过程中，水塘、水渠、河流等到处皆是，因此，我们需要重点了解和掌握水灾及溺水方面的知识和技能，遇到紧急情况冷静处理，最大可能地减少损失。

1. 遭遇水灾

水灾是指一切与水有关的直接或间接的伤害，包括洪水、暴风雨、冰雹、急流、海啸、泥石流等。其中泥石流的预防措施已在前文中述及，此处主要介绍洪水灾害。

河流、湖泊和水库遭受暴雨袭击时，可能会引起洪水灾害。在干裂的河床和狭窄的水道上，或在建筑物的后方，暴雨很快会引发洪水。野外活动中经常有伤亡人员事例报道，大多都是与安全预防措施不当、缺乏救人的技能和方法等因素有关。

1）野外水灾应急处理

进行野外实习时，应先查看当地的天气情况。雨季时不要到干涸的河床上去。在可以预料的洪水到来前，最简单的方法就是往高处跑。如果没有高点，或来不及跑向高地，一定要马上寻找可信赖的漂浮物，该漂浮物应是方便固定或者容易抓住的。

如果必须面对向水中逃生而又不会游泳，下水前用棉花或软布等堵住鼻孔（但只能起到一定的作用，并不能解决长时间待在水下的问题）。

2）求生方法

到高处求生：在洪水到来时，如果是在坚固的建筑里，可以爬到建筑物的上面，并带上求生必需品。

利用固着点：如果处于急流中，想办法抓住看上去还不会马上被冲走的树、石等物体，先让自己停下来，然后向上，保持头部露出水面，再根据具体情况决定下一步如何脱险。

利用漂浮物：如果不会游泳或者水性不佳，应想办法利用一切可以漂浮的东西。如果没有现成的漂浮物，可以使用扎起裤脚的裤子，两个裤腿充满气会有不小的浮力。

顺流斜下：如果被急流冲到宽阔的水域，水流会逐渐缓下来。这时应该想办法上岸。游向岸时，不要横渡，更不能逆流，应该顺应水流的方向，斜着向岸上游去。如果有漂浮物，应抱着漂浮物，用脚拍打水。

先下后上：如果是处在有浪、漩涡的区域，不要惊慌，也不要胡乱挣扎。从水中浮出水面以后马上深吸一口气，干脆就向水底扎去。水底巨大的翻腾力量会把人掀到很远的地方，并举到水面。

减少负担：尽量甩掉鞋子和吸水后比较笨重的衣物。

2. 溺水处理

淹溺是刻不容缓的紧急情况，必须及时进行积极有效的抢救（图 4–16）。

1）救助流程

（1）救护者应尽快脱去外衣、裤及鞋帽（为减少阻力，便于在水中游动），迅速游到溺水者附近，观察其位置，从其身后靠拢，以仰泳方式将其拖向岸边，或推动其向岸边

图 4–16　溺水处理

靠近。切忌迎面接触溺水者，因溺水者神志不清或心慌意乱，必定会紧紧抱住救援者，其力超人，难以挣脱，反而会导致一同溺水的危险。

（2）淹溺者被救出水中后，立即清除其口腔、鼻腔内的水和泥沙杂草等污物、呕吐物，以恢复呼吸道的通畅，并将舌头拉出，以免后翻而堵塞呼吸道。如有活动的假牙也应取出，以防坠入气管。并将其紧裹的内衣、胸罩、腰带解除或放松。

（3）迅速进行倒水动作，以倒出呼吸道及胃内的积水。但必须注意的是，如果呼吸或心跳已停止，应首先或同时进行人工呼吸或胸外心脏按压。倒水的具体方法有：① 救护者一腿跪地，另一腿屈膝，将溺水者的腹部放在救护者屈膝的膝盖上，使其头部下垂，然后按压其背部。② 抱住溺水者的两小腿，将其腹部放在急救者肩上，使头部下垂，急救者快步走动或奔跑，水便可倒出体外。③ 可就地取材进行急救，如利用地面上的自然斜坡，将其头部放于下坡处的位置进行倒置或利用小木凳、大石头等作垫高腹部之物进行倒水。以上三点都是利用头低脚高的体位，将溺水者体内的水倒出来。④ 将溺水者仰卧，头稍低，脸转向一侧，急救者两手叠放在溺水者的上腹部，向下前挤压，要短促有力，压后随即放松，可重复几次，这样使横膈膜上升，胸腔容积减小，将呼吸道中水挤出来。必须注意，倒水动作要快，不能强求倒出大量的水，如倒出的水不多，也不可为此而耽误心肺复苏术的进行。

（4）就地立即进行心肺复苏。轻度、中度溺水者经救出水面采取俯卧压背法人工呼吸后可很快恢复正常（图 4–17、图 4–18）。如溺水者呼吸已停止，应立即采用口对口吹气式的人工呼吸法。如果心跳也停止，则人工呼吸和心脏胸外挤压应同时进行。人工呼吸和胸外心脏按压是抢救溺水者的重要措施，必须就地立即施行。如果等待

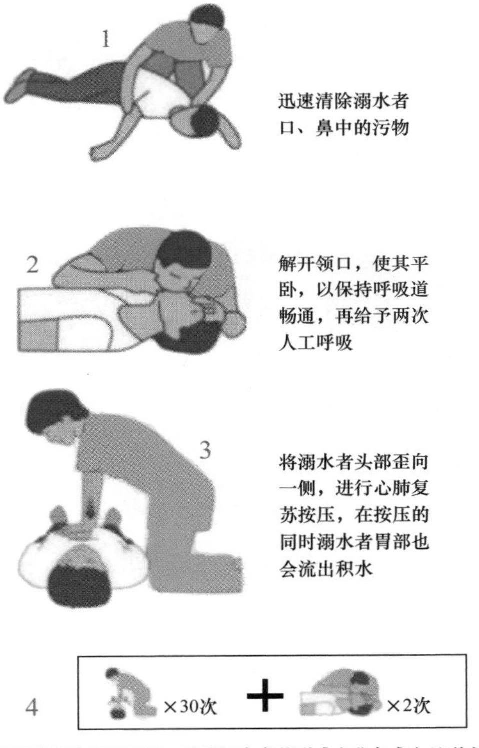

图 4–17　人工呼吸及心肺复苏

他人前来抢救或不经处理就直接送医院，都会丧失最初宝贵的抢救时机。

经以上处理后尽快将溺水者转送医院抢救。在转送途中口对口人工呼吸和胸外心脏按压也绝不能中断。当呼吸心跳恢复时，可用干毛巾从四肢远端向心脏的方向按摩，以促进血液循环。

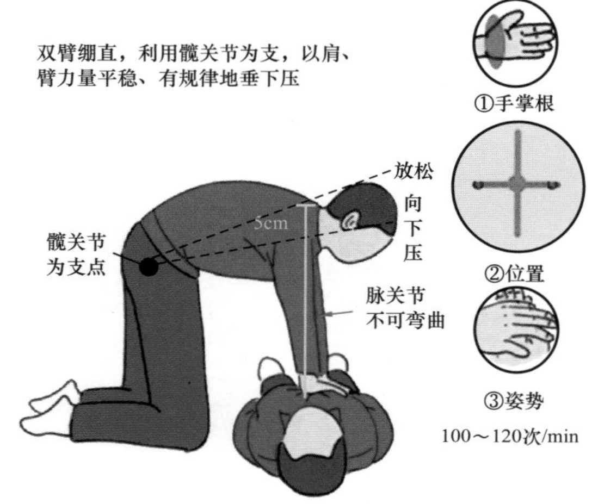

图 4–18　心肺复苏

2）急救注意事项

口对口吹气量不宜过大，一般不超过 1200mL，胸廓稍起伏即可。吹气时间不宜过长，过长会引起急性胃扩张、胃胀气和呕吐。吹气过程要注意观察患（伤）者气道是否通畅，胸廓是否被吹起。人工呼吸方法很多，有口对口吹气法、俯卧压背法、仰卧压胸法，但以口对口吹气式人工呼吸最为方便和有效。

口对口人工呼吸法操作方法为：（1）首先使病人仰卧，头部后仰，先吸出口腔的咽喉部分分泌物，以保持呼吸道通畅。（2）急救者蹲于患者一侧，一手托起患者下颌，另一手捏住患者鼻孔，将患者口腔张开，并敷盖纱布，急救者先深吸一口气，对准患者口腔用力吹入，然后迅速抬头，并同时松开双手，听有无回声，如有则表示气道通畅。如此反复进行，每分钟 14～16 次，直到自动呼吸恢复。（3）如果病人口腔有严重外伤或牙关紧闭时，可对其鼻孔吹气（必须堵住口）即为口对鼻吹气。救护人吹气力量的大小，依病人的具体情况而定。一般以吹进气后，病人的胸廓稍微隆起为最合适。口对口之前，如果有纱布，则放一块叠二层厚的纱布，或一块一层的薄手帕，但注意，不要因此影响空气出入。

胸外心脏按术只能在患（伤）者心脏停止跳动下才能施行。

口对口吹气和胸外心脏按压应同时进行，应严格按吹气和按压的合适比例操作，吹气和按压的次数过多和过少均会影响复苏的成败。

胸外心脏按压的位置必须准确，不准确容易损伤其他脏器。按压的力度要适宜，力度过大、过猛容易使胸骨骨折，引起气胸血胸；力度过轻则胸腔压力小，不足以推动血液循环。

施行心肺复苏术时应将患（伤）者的衣扣及裤带解松，以免引起内脏损伤。

八、中暑

中暑的主要症状为：头痛、晕眩、烦躁不安、脉搏强而有力、呼吸有杂音、皮肤干燥泛红，体温可能上升至40°C以上。如果不及时救治，中暑的人可能很快会失去意识，有可能导致意外的发生。因此，在夏季登山前一定要准备好预防和治疗中暑的药物，如十滴水、清凉油、仁丹等。另外，还应该准备一些清凉饮料和太阳镜、遮阳帽等防暑装备。一旦有人中暑，应尽快将其移至阴凉通风处，将其衣服用冷水浸湿，裹住身体，并保持潮湿。或不停扇风散热并用冷毛巾擦拭患者，直到其体温降到38°C以下。若中暑者意识清醒，应让其以半坐姿休息，头与肩部给予支撑。若中暑者已失去意识，则应让其平躺。通过以上救治措施，中暑者的体温如已下降，则改用干衣物覆盖，并充分休息；否则重复以上措施，并尽快送医院救治（图4–19）。

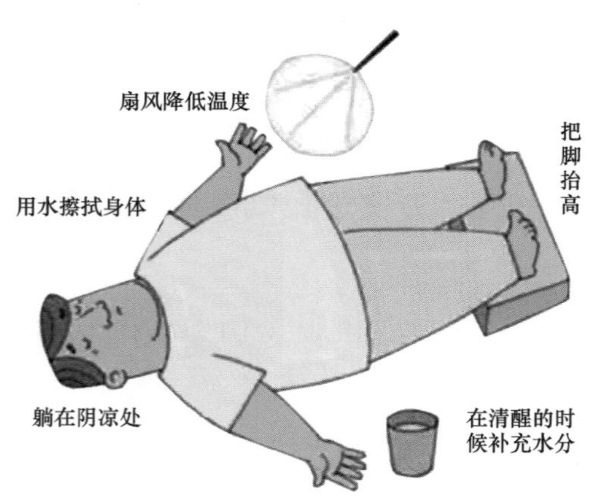

图4–19　中暑处理

九、晕厥

在野外，晕厥多是由于摔伤、疲劳过度、饥饿过度等原因造成。其主要表现为头昏、眼花、眼前发黑、全身无力，随即恶心、出冷汗、脸色突然苍白、脉搏微弱而缓慢，如不及时坐下或躺下，会失去知觉、突然昏倒。遇到这种情况，不必惊慌，应立即将病人放平，松开紧身衣扣，并将双下肢抬高，呈头低脚高位；并注意保暖。应让病人处于空气流通处，立即掐人中穴、内关穴、中冲穴、合谷穴（图 4–20），并可让病人嗅风油精、正金油等。应一边处理一边呼叫，询问病员自我感觉如何。如上述处理超过 10min 仍未恢复知觉，应及时拨打急救电话送医。病人醒来后，应喝些热糖水或含糖饮料，但不要急于站立，至少仰卧 10min 后再由他人扶着慢慢站起。

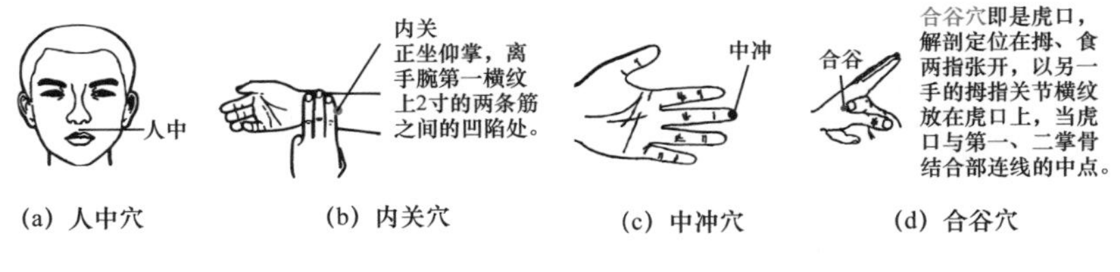

(a) 人中穴　(b) 内关穴　(c) 中冲穴　(d) 合谷穴

图 4–20　晕厥时所掐穴位

十、水泡

野外实习，常需要长时间在户外徒步行走，若不注意，可能会在脚部磨出水泡。为了避免水泡被磨出，最好穿着与你的脚“磨合”惯了的鞋、吸汗的棉或线袜子。在容易磨出水泡的地方事先贴一块创可贴。如有条件，可以到商店里买一瓶防止起泡的喷雾剂（主要减轻摩擦作用），一旦磨出了水泡，首先要将泡内的液体排出。用消毒过的缝衣针在水泡表面刺个洞，从上放挤出水泡内的液体，然后用碘酒、酒精等消毒药水涂抹创口及周围，最后用干净的纱布包好。

十一、抽筋

发生抽筋的原因是登山时过度地运动或姿势不佳，而引起肌肉的协调不良，或因登山时或登山后受寒，体内的盐分大量流失，因而致使肌肉突然产生非自主性的收缩。抽筋的症状包括患处疼痛、肌肉有紧张或抽搐的感觉，患者无法使收缩的肌肉放松。急救的方式为：拉引患处肌肉，使患处打直；轻轻按摩患处肌肉；补充水分及盐分，休息直到患处感觉舒适为止。图 4–21 所示为抽筋的自救。

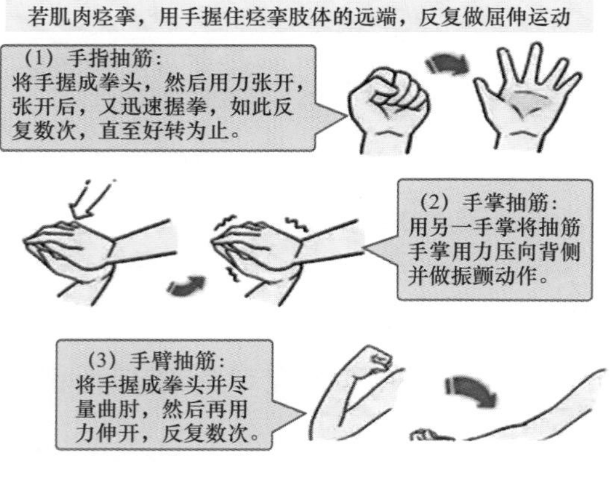

图 4–21　抽筋自救

第二节　流行性疾病的防控

在野外实习过程中，学生、教师、实习基地人员长期生活、学习在一起，会不可避免地遇到不同类型的流行性疾病。为贯彻“健康第一，预防为主”的指导思想，维护社会稳定，确保野外实习过程中人员的生命安全和身体健康，提高企业对传染病防控的针对性、实效性以及应急综合处置能力。根据《中华人民共和国传染病防治法》和国务院《突发公共卫生事件应急条例》，应本着“早预防、早发现、早报告、早隔离、早治疗”的原则，宣传普及传染病防治知识，进一步提高实习人员的自我防护意识，不断完善传染性疾病疫情信息监测报告制度，建立健全快速反应机制，及时采取有效的防控措施，积极预防和控制传染性疾病疫情的发生和蔓延。

针对特定流行性疾病防控的一些具体做法，应该以卫健委等权威部门发布的信息为准。本节主要是以“新冠肺炎疫情防控”为例阐述流行性疾病防控的具体环节及思路。

一、建立健全流行性疾病防控应急预案

首先，野外实习队同时应是野外流行性疾病防控工作小组；其次是要明确领导小组成员组成及各成员的职责分工，并进一步了解实习当地的流性疾病史，重点关注实习

基地的疫情防控、野外实习租车公司的疫情防控；制定有前瞻性的流行性疾病预防措施和明确应急响应流程。同时，需要加大对所建立的“流行性疾病防控应急预案”的宣传和学习，要做到应急预案既要上墙又要入心。

二、实习基地防控措施

当疫情发生以后，针对实习基地，需要加强对人员、上课、访客、餐饮、住宿、活动、环境等的管理。

1. 疫情期间实习基地的准备工作

实习基地在接到实习任务前，应做好接待师生的准备。包括在合适的位置进行“流行性疾病防控应急预案”的宣传（图 4–22）；提前进行师生住宿区、厨房、电梯间、楼梯间、教室等公共场所的消毒工作；准备各种消毒用品，以备师生入住后的每日消毒工作；建立基地的疫情管理小组，设置专门的隔离区等。

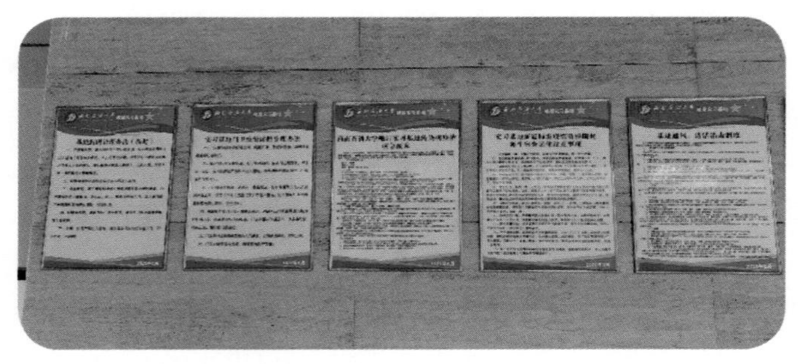

图 4–22　西南石油大学峨眉实习基地流行性疾病防控宣传

2. 人员管理

当师生入住后，人员密集在实习基地，因此人员管理是重中之重。

（1）实习基地的教师、学生、工作人员每天都应接受体温检测、监测。若体温超过一定界限值（如“新冠肺炎疫情防控”的温度界限值为 37.3℃。具体需根据实际情况及国家卫健委等权威部门发布的信息最终确定各项防控指标），不得进入实习基地，按规定进行居家观察或集中观察。实习期间若发现学生体温超过界限值，应按照国家的防控要求进行隔离或就医。

（2）引导实习人员分流乘坐电梯，乘坐人数不超过电梯轿厢最大容量的 50%。

（3）实习基地所有人员应主动规范佩戴口罩，尽可能减少面对面交流。

（4）保洁、保安、食堂、维修等后勤物业服务人员，纳入统一管理。严格按照排班和岗位、区域开展工作，禁止自行调整班次、串岗、跨区活动。工作中在遵守行业规定和标准的基础上，严格执行疫情防控期间相关业务要求。

3. 访客管理

（1）严格控制外来人员。疫情期间，所有的访客都应禁止进入实习基地。

（2）如确需接待访客，安保人员要认真询问和登记访客状况，发现异常情况及时报告，并按照应急预案处置。

4. 餐饮管理

（1）加强食材管理，规范采购渠道，杜绝“三无”产品。

（2）食堂采购及供货人员应佩戴口罩和一次性手套，避免直接用手触肉禽类生鲜食材。摘掉手套后，应及时洗手消毒。

（3）提倡实习人员错峰就餐或分散就餐，避免人员聚集和面对面就餐。有条件的情况下，可采用分餐或送餐方式就餐。

（4）每日定时对就餐区域实施消毒。餐具用品须高温消毒。

5. 住宿管理

（1）严格控制住宿人员居住密度，原则上人均宿舍面积不少于4平方米，每个宿舍居住人数不超过6人；如果实习基地有空余房间的情况下，应尽量分散宿舍住宿人员，保证每间宿舍的学生人数尽量少。

（2）实习基地宿舍应设立管理卡口，禁止无关外来人员进入，对实习人员及工作人员出入严格进行体温监测。

（3）疫情期间禁止探视访友。如有确需接待的外来人员，应按照访客管理要求严格执行登记、体温检测，压缩会面时间。

（4）保证室内、卫生间、洗漱间等区域空气流通，保证洗手设施、洗手液、肥皂等卫生用品供应。

（5）住宿人员做好个人防护，注意个人卫生习惯，避免生活物品交叉使用，身体不适及时报告管理人员。

（6）公寓和宿舍区域以清洁为主，预防性消毒为辅，严格按照标准进行清洁和消毒，避免过度消毒和消毒性损伤。

6. 环境管理

（1）保持室内环境清洁，每日通风3次以上，每次20～30min。通风时应注意保暖。公共物品及公共接触物品或部位要定期清洗、消毒。

（2）每日定时对门厅、楼道、会议室、电梯、楼梯、卫生间、车库等公共部位实施消毒，且尽量使用喷雾消毒。

（3）办公电话、电脑键盘、鼠标等，每日用75%酒精擦拭2次。使用频繁的，擦拭可增加至4次。

（4）保洁用具按区域分开使用，避免混用。

（5）保洁人员须佩戴一次性橡胶手套，工作结束后洗手消毒。

（6）餐厅及卫生间等区域应配备足够的洗手液，并保证水龙头等供水设施正常使用。

（7）中央空调系统风机盘管正常使用时，应定期对送风口、回风口进行消毒。中央空调新风系统正常使用时，若出现疫情，不要停止风机运行，应在人员撤离后，对排风支管封闭，运行一段时间后关断新风排风系统，同时消毒。带回风的全空气系统，应将回风完全封闭，保证系统全新风运行。

第五章

野外实习安全事故应急方案

第一节　野外实习典型安全事故分析

一、人员坠崖

2015 年 7 月 1 日，某高校在青海省甘德县开展野外地质填图实习。行至天黑时，2 名学生在一山崖处丢失填图掌上机后分头寻找。其中一学生因天黑、山崖陡滑，留在山上等待援助。另一学生下山后联络项目组一同返回寻找，该学生在攀爬陡崖时滑落到山沟中，经抢救无效死亡。事后分析原因，该事故是由于学生在悬崖陡坡区域开展夜间搜寻作业，没有采取充分安全措施——在大于 30° 的陡坡或者垂直高度超过 2m 处工作时，应使用保险绳 / 安全带。

启示：学生开展野外实习前应加强地质作业技术规程培训和学习，提高野外地质工作的安全意识；院校应当加强对学生野外地质工作实习的组织管理，提高学生在野外实习的安全保障条件，落实学生实习专职带队教师安全生产责任制。

二、人员被砸

2016年7月24日，某高校几名学生到峨眉山进行野外地质考察，在景区公路石船子（峨眉实习龙门硐剖面线中段）附近，因暴雨发生零星落石及塌方，学生在步行通过该路段时，其中一人被落石击中受伤。

启示：学生在野外实习时应随时关注实习区天气情况，注意避免在暴雨前后进行野外工作；院校应当加强对学生野外实习前的安全培训，提高学生野外实习的安全意识。

三、人员晕倒

2017年8月，某高校学生在峨眉山进行野外地质实习，在某实习点，由于当天天气闷热，某学生因为低血糖，且没有食用早餐，在教师进行野外知识讲解时晕倒；又由于该学生站立位置离公路边缘较近，晕倒后沿公路边缘斜坡滚下，幸得斜坡上一棵树阻挡，没有受到太大的伤害。

启示：学生在野外实习时一定注意身体安全，特别是夏季实习，天气闷热，容易出现中暑等疾病；院校应当加强对学生野外地质作实习前的安全培训，提高学生野外实习的安全意识，要求学生野外实习晚间一定注意休息，早餐一定按时就餐。

四、蚊虫叮咬

2007年8月21日，某职业学院学生在陕西省平利县参加矿产远景调查野外实习，在沿原路下山返回的途中遭遇毒蜂袭击，致使该小组3人被蜇伤，陈某因伤势过重，经医院抢救无效死亡。

启示：学生野外实习应穿戴野外实习服装，着长袖长裤和保护脚部的户外鞋，尽可能减少裸露外在的皮肤；学院应加强学生的野外常见疾病的培训，在出现野外被蚊虫叮咬时，进行合理的应急处理。

五、摔伤

2020年9月初，某高校学生在峨眉进行野外地质实习，实习过程中一个学生在从某观察点下斜坡时，由于路滑，学生穿着的鞋子不防滑，且该生未按要求佩戴安全帽，在滑倒的过程中，学生耳朵处被树枝割伤，且脑袋有轻微脑震荡。所幸斜坡高度较小，且路上多为泥土和杂草，没有造成更大的伤害。

启示：学生野外实习应穿戴野外实习服装，着防滑的户外鞋；院校应当加强对学生野外实习前的安全培训，提高学生野外实习的安全意识，要求学生在野外一定要提高安全警惕，必须按要求佩戴安全帽。

六、实习住宿安全事故

2009年3月，某野外调查队人员杨某，在结束野外工作后，回到宿舍，紧闭门窗生火取暖。当日19:50，当另外两名工作人员到杨某住处时，敲打门窗，屋内没有任何动静。后破门而入，发现杨某蒙着被子趴在床上不动；随后打电话报警。后经公安部认定，杨某因一氧化碳中毒死亡。

启示：野外实习住宿中一定要注意用火安全，应要求学生一定按照宿舍的管理制度规范自己的行为，保证实习住宿地的安全。

第二节　安全事故应急方案

野外实习中不可避免突发安全事故，因此为有效处理学生实习期间突发事件，提高快速反应和处置能力，将预防和处理工作纳入科学化、规范化和法制化的轨道，最大限度地降低突发事件的危害，确保实习的稳定，应有相应的实习安全事故的应急方案。

一、指导思想

应以预防为主、防治结合，常抓不懈地提高广大学生的安全意识和自我保护能力，落实各项预防措施，做好人员、物资和车辆等应急工作。对各类可能引发突发事件的情况要及时进行分析，做到早发现、早报告、早处理，扎实做好各项维护稳定的相关工作，维持正常的野外实习教学管理秩序。

二、成立应急处理工作领导小组

以西南石油大学为例，应急处理工作领导小组人员构成如下。

组长：学院院长、书记。

副组长：分管本科和研究生教育的副院长、副书记。

成员：学院班子其他成员、各教研室主任、各实习队队长、各研究生导师、教学办公室主任、研究生办公室主任、学院办公室主任、团委书记等。

现场领导小组组长：实习队队长、相关研究生导师。

现场成员：实习队带队教师、相关辅导员、实习学生临时党支部成员、临时班委等。

三、领导小组的主要职责

领导小组负责学生实习的各项突发事件的指挥和处理，并根据具体情况做好商议、报送、统筹、协调等工作。现场领导小组负责实习场所的日常安全工作，关注安全情况，提出处理各项安全突发事件的意见和具体措施；负责指挥、处理实习期间各类安全突发事件；负责向上级及有关部门报告情况；积极配合有关单位开展应急救助和调查工作等。

四、突发事件的预防措施

（1）加强安全警示教育工作。每位教师都要增强安全防范意识，结合实习情况、课程情况对学生开展相应的安全教育工作。其中，实习学生必须签订安全承诺书，随时注意防范安全事故发生。

（2）外出教学实习要始终坚持“安全第一”的原则。带队指导教师在实习开始前首先要强调安全注意事项和纪律要求，并在实习中做好安全检查和相应（地震、洪水、泥石流、滑坡等自然灾害，交通安全，饮食安全等）的技能培训工作，做到防患于未然。

（3）学生实习临时党支部、临时班委、实习小组要协助带队教师开展经常性的安全教育、检查工作，对可能存在的人身安全隐患和设备安全隐患及时进行排查和上报工作。

（4）学生实习临时党支部、临时班委要具体落实联系、关心帮助身边同学，营造良好的学习、生活环境，增进友谊，共同克服困难，如发展异常情况需及时报告带队教师。

（5）带队指导教师要树立安全责任意识，发现学生中存在不安全、不规范、不遵守纪律的行为时，要及时制止。

五、突发事件应急处理预案响应程序

野外实习过程中的突发事件主要包括两大类，即自然灾害类和其他事故类。

自然灾害类包括因洪灾、冰雹、台风、暴风雪、暴雨、雷电、沙尘暴、山体崩塌、滑坡、泥石流等原因造成的野外实习的突发事件。

其他事故类主要包括野外实习中发生的人员摔伤、迷失方向、突发疾病、溺水、毒蛇咬伤、食物中毒、火灾等突发事故。

野外实习中突发事故应急工作应遵循以人为本、预防为主、统一领导、分级负责、反应快速、科学高效的原则；出现事故时，立即向实习队、学院、学校报告，保障应急通信畅通。突发事件报告的内容应包括：时间、地点、报告人或联系人、初步原因分析、人员伤亡情况、影响范围、时间发展趋势和已经采取的措施等。

针对野外实习中可能会发生的突发事件，指导教师和实习学生应冷静处理；应急工作流程图见图 5-1。

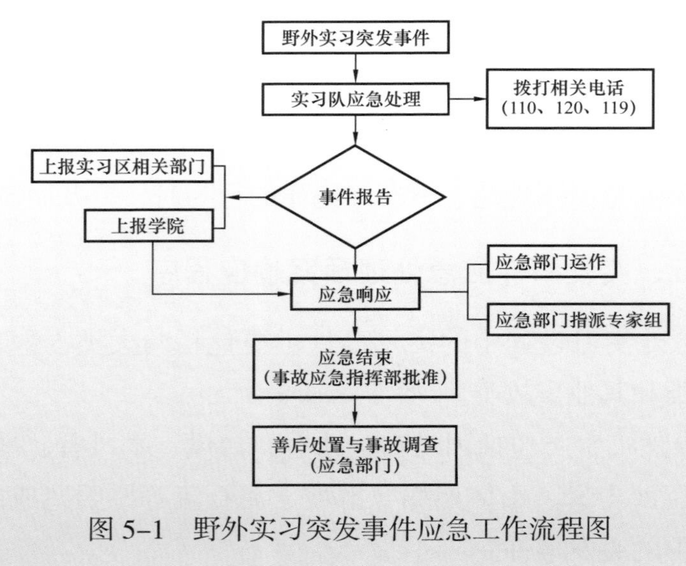

图 5-1　野外实习突发事件应急工作流程图

当然，野外实习突发事件种类繁多，针对不同事件应启动不同的应急预案响应程序：

（1）实习期间如学生不适应实习单位规章制度或实习队要求，有异常情绪的，学生实习临时党支部、临时班委成员要及时和带队教师联系，由带队教师做学生思想工作，如果还不能消除学生情绪或学生对实习单位不满意的，由带队教师与学生实习单位管理人员、学院三方协调；如仍有个别学生不能适应而要求返校的，带队教师报学院领导小组同意，并做好书面安全承诺后，可以返校。

（2）实习期间如学生违反实习要求或实习单位规章制度的，由带队教师直接与学生所在实习单位负责人联系协调，查清缘由，现场处理，做好相关记录、事后协调和相关教育管理工作，并汇报学院领导小组。

（3）实习期间如学生遇到交通、用电等方面安全事故的，受到轻度伤害的，学生临时党支部、临时班委成员应第一时间应协助救治，拨打“110”“119”“120”等相关电话，保证学生人身安全，并及时报告带队教师；带队教师应及时赶到现场，负责帮助学生治疗和思想安抚工作，作好相关记录，并及时将事件具体情况汇报学院领导小组，以便妥善处理。

（4）实习期间如学生与实习单位工作人员发生争吵、打架等纠纷，造成对立事态，学生实习临时党支部、临时班委成员应协助及时制止纠纷，发生人身伤害，要及时协助进行治疗；带队教师要及时赶到现场了解具体情况，帮助学生进行治疗和思想安抚工作，并做好相关记录；情况严重的应及时拨打“110”、“120”等电话，协助相关政府部门进行协调；在事件发生后第一时间向学院领导小组汇报。

（5）实习期间学生不请假离开实习地的，学生实习临时党支部、临时班委应第一时间报告带队教师，带队教师应第一时间报告学院和实习单位，要立即联系该生，并根据具体情况开展相关工作。如还联系不上该学生，需联系学生家长并及时报警。

（6）学生实习期间如遇到地震、洪水、泥石流、滑坡等自然灾害时，应按照带队教师的日常培训情况，结合现场实际，采取适当的有效措施，科学冷静处理，第一时间拨打当地救援电话“110”“119”“120”等，并协助救援人员进行现场救治；待现场情况平稳后，要及时汇报学院领导小组。

发生严重事件的，学院领导小组应派人前往实习点妥善处理。未尽事宜由学院应急处理工作领导小组根据事件的具体情况进行妥善处理。

参考文献

柴松，王洪武，2008. 大学生野外生存生活指南［M］. 合肥：中国科学技术大学出版社.

陈日东，林什全，2017. 野外调查工具与安全［M］. 北京：中国林业出版社.

华地同创科技有限公司，2016. 地质勘查安全生产实务指南［M］. 北京：地质出版社.

裴仰文，邱隆伟，操应长,2015. 英国野外地质教学启示与借鉴［J］. 高等理科教育，124（6）：46-51.

王庆，刘颖，2019. 加强野外地质实习安全措施的建议［J］. 大学教育，74（3）：74-76.

王晓宇，2016. 学生实习安全培训教材［M］. 北京：中国石化出版社.

王颖，杨文革. 2016. 论地质类专业野外实践的安全教育［J］. 中国学校体育，11（3）：77-79.

吴超. 2015. 学生实习（实训）安全教育读本［M］. 北京：中国劳动社会保障出版社.

赵广金，张天麒，程五一. 2011. 地质勘探高发事故模式及影响因素分析［J］. 安全与环境学报，11（5）：210-213.